从新手到高手

AIGC引爆生产力：AI应用实操

从新手到高手

陈振轩 / 编著

清华大学出版社
北京

内容简介

本书围绕人工智能（Artificial Intelligence，AI）的基础概念及其各类应用场景展开，构建了一个全面且实用的知识架构。同时，通过丰富的AI案例帮助读者快速掌握AI技术，实现从初识到熟练应用AI的飞跃。本书共7章。第1章，深入解析了AI的基础概念，探讨其在各行业的颠覆性影响；第2章，提供了8种与AI高效互动的技巧，助力读者提升AI生成内容的质量与效果；第3章，聚焦AI在职场中的应用，提供实用指南以增强读者的职业竞争力；第4章，探讨了AI在创意与娱乐领域的巨大潜力，帮助读者发掘创新机会；第5章，系统阐述了AI在日常生活中的多样应用，帮助读者更好地将AI融入生活；第6章，深入分析了AI对教育模式的革新，启发读者思考教育未来的发展方向；第7章，揭示了AI如何助力副业，为读者开拓新的收入来源。

本书旨在为AI爱好者、职场人士、创意工作者、教育者和副业探索者提供全面的AI知识指南，帮助读者在AI时代把握机遇。本书也可以作为相关院校的教材和辅导用书。

版权所有，侵权必究。举报：010-62782989，beiqinquan@tup.tsinghua.edu.cn。

图书在版编目（CIP）数据

AIGC引爆生产力：AI应用实操从新手到高手 / 陈振轩编著. -- 北京：清华大学出版社，2025.3. --（从新手到高手）. -- ISBN 978-7-302-68718-4

Ⅰ.TP18

中国国家版本馆CIP数据核字第20253CK398号

责任编辑：陈绿春
封面设计：潘国文
责任校对：徐俊伟
责任印制：曹婉颖

出版发行：清华大学出版社
网　　址：https://www.tup.com.cn，https://www.wqxuetang.com
地　　址：北京清华大学学研大厦A座　邮　编：100084
社 总 机：010-83470000　邮　购：010-62786544
投稿与读者服务：010-62776969，c-service@tup.tsinghua.edu.cn
质 量 反 馈：010-62772015，zhiliang@tup.tsinghua.edu.cn
印 装 者：三河市天利华印刷装订有限公司
经　　销：全国新华书店
开　　本：188mm×260mm　印　张：13　字　数：299千字
版　　次：2025年5月第1版　印　次：2025年5月第1次印刷
定　　价：89.00元

产品编号：102944-01

前言

自2022年11月ChatGPT发布以来，AI技术的飞速进步引发了各行各业的深刻变革，催生了大量新兴的AI工具。这些工具正在逐渐改变人们处理文本、图像、音乐等内容的方式。

在文本处理领域，AI工具不仅能够高效生成会议纪要、策划方案和公文，还能够在创意写作方面提供支持，如撰写广告文案和合同等。它们还能够充当多种角色，如健身教练和各类教师，极大地提升生产力。

图像生成技术也取得了显著进展。用户只需提供简要描述，AI便能生成高精度的图像，过去需要多年绘画经验才能完成的设计任务，现在也可以轻松完成。

AI在音乐领域的突破同样值得关注。现在即使没有专业音乐制作背景的用户，也能够创作出完整的歌曲。此外，各类音频和视频生成工具使多媒体内容创作变得更加高效和便捷。

所以，AI的兴起不仅标志着技术上的重大进步，也引发了社会生产力的深刻变革。未来，AI工具将日益融入我们的工作和生活，成为每个人的重要助手。

AI虽然好用，但并不是每个人都有时间和精力深入了解AI工具的底层原理、应用方式及其使用场景。因此，本书将通过简明易懂的语言和实际案例，帮助读者快速掌握AI工具，使其能够轻松将AI融入日常生活和工作，提高工作效率和生活质量。

本书共7章。第1章，深入探讨AI的历史背景及其对个人和社会的深远影响。通过回顾AI技术的发展历程，读者将对AI的基本概念有一个清晰的认识，理解其如何重塑我们的生活方式和工作状态；第2章，专注于AI提问技巧的系统介绍，为读者提供与AI工具高效互动的基础，帮助读者掌握如何提出精准的问题，以充分发挥AI工具的作用；第3~7章，通过实际应用场景详细讲解AI在办公、娱乐、生活、教育及副业转化等领域的应用。本书旨在通过具体的实践指导，帮助读者将AI工具有效融入日常生活和工作，改善生活质量，提升个人竞争力，并开辟新的收入来源。

最后，每个实际应用场景章节都包含了"背景""操作路径"和"活学活用"板块，以便读者快速掌握AI工具的使用方法。本书不仅帮助读者理解操作方法，还通过案例巩固所学知识，以形成可重复使用的AI应用方法论。

本书的配套资源请用微信扫描下面的配套资源二维码进行下载，如果在配套资源的下载过程中碰到问题，请联系陈老师（chenlch@tup.tsinghua.edu.cn）。如果有技术性问题，请用微信扫描下面的技术支持二维码，联系相关人员进行解决。

配套资源

技术支持

作者

2025年4月

目 录

第1章 AI的崛起与变革 ... 001

1.1 AI的基本概念与定义 ... 002
- 1.1.1 什么是UGC ... 002
- 1.1.2 什么是PGC ... 002
- 1.1.3 什么是AGI ... 002
- 1.1.4 什么是AIGC ... 002

1.2 AI在各行各业的应用场景 ... 003
- 1.2.1 文本生成 ... 003
- 1.2.2 图像生成 ... 004
- 1.2.3 视频生成 ... 005
- 1.2.4 音频生成 ... 005

1.3 AI如何塑造社会与人类生活 ... 006
- 1.3.1 AI对就业的影响 ... 006
- 1.3.2 AI对日常生活的影响 ... 006
- 1.3.3 AI对娱乐的影响 ... 007
- 1.3.4 AI对教育的影响 ... 007

第2章 掌握AI对话的八大技巧 ... 008

2.1 万能提示词：入门AI必学公式 ... 009
- 2.1.1 背景 ... 009
- 2.1.2 公式 ... 009
- 2.1.3 活学活用 ... 011

2.2 发散式提问：让AI提供灵感 ... 012
- 2.2.1 背景 ... 012
- 2.2.2 公式 ... 012
- 2.2.3 活学活用 ... 013

2.3 概括式提问：让AI快速总结长篇内容 ... 014
- 2.3.1 背景 ... 014
- 2.3.2 公式 ... 014
- 2.3.3 活学活用 ... 017

2.4 延展式提问：让AI快速续写文案 ... 017
- 2.4.1 背景 ... 017
- 2.4.2 解析 ... 017
- 2.4.3 活学活用 ... 020

2.5 选择式提问：让AI帮你告别选择困难 ... 020
- 2.5.1 背景 ... 020
- 2.5.2 公式 ... 020
- 2.5.3 活学活用 ... 021

2.6 控制文案风格：扩大AI的应用场景 ... 021
- 2.6.1 背景 ... 021
- 2.6.2 解析 ... 021
- 2.6.3 活学活用 ... 023

2.7 控制输出格式及要求：让AI回答更佳可控 ... 024
- 2.7.1 背景 ... 024
- 2.7.2 解析 ... 024
- 2.7.3 活学活用 ... 026

2.8 模拟人与人之间的对话：让AI使用更丝滑 ... 026
- 2.8.1 背景 ... 026
- 2.8.2 公式 ... 026
- 2.8.3 活学活用 ... 027

第3章 办公助手：用AI提高职场竞争力 ... 028

3.1 总结会议纪要：高效捕捉重点 ... 029
- 3.1.1 背景 ... 029
- 3.1.2 公式 ... 029
- 3.1.3 活学活用 ... 031

3.2 AI撰写工作汇报：轻松提升质量 ... 031
- 3.2.1 背景 ... 031
- 3.2.2 公式 ... 031
- 3.2.3 活学活用 ... 033

3.3 AI撰写电子邮件：提升沟通效率 ... 033
- 3.3.1 背景 ... 033
- 3.3.2 公式 ... 033
- 3.3.3 活学活用 ... 035

3.4 AI整理繁杂资料：快速找到所需信息 ... 035
- 3.4.1 背景 ... 035

  3.4.2 解析 035
  3.4.3 步骤详解 036
  3.4.4 活学活用 038
3.5 AI生成PPT：打造专业演示文稿 039
  3.5.1 背景 039
  3.5.2 解析 039
  3.5.3 步骤详解 039
  3.5.4 活学活用 042
3.6 AI处理Excel数据：简化数据分析 043
  3.6.1 背景 043
  3.6.2 公式 043
  3.6.3 解析 044
  3.6.4 步骤详解 044
  3.6.5 活学活用 047
3.7 AI优化简历：突出个人优势 047
  3.7.1 背景 047
  3.7.2 公式 047
  3.7.3 活学活用 049
3.8 AI模拟面试：提前预判面试内容 049
  3.8.1 背景 049
  3.8.2 公式 049
  3.8.3 活学活用 051
3.9 AI高效完成营销策划：精准定位市场策略 051
  3.9.1 背景 051
  3.9.2 公式 051

  3.9.3 活学活用 054
3.10 AI撰写商业企划书：清晰阐述商业愿景 .. 054
  3.10.1 背景 054
  3.10.2 公式 054
  3.10.3 活学活用 057
3.11 AI创作短视频：打造引人入胜的内容 057
  3.11.1 背景 057
  3.11.2 解析 057
  3.11.3 步骤详解 058
  3.11.4 活学活用 060
3.12 AI编写程序代码：提升编程效率 061
  3.12.1 背景 061
  3.12.2 解析 061
  3.12.3 活学活用 063
3.13 AI制作海报：制作专业级视觉作品 063
  3.13.1 背景 063
  3.13.2 解析 064
  3.13.3 步骤详解 064
  3.13.4 活学活用 066
3.14 AI制作商品图：制作商用级电商主图 067
  3.14.1 背景 067
  3.14.2 解析 067
  3.14.3 步骤详解 067
  3.14.4 活学活用 069

第4章 创意娱乐：用AI点亮生活色彩 070

4.1 AI制作写真照：在家也能获得高质量写真 071
  4.1.1 背景 071
  4.1.2 解析 071
  4.1.3 步骤详解 071
  4.1.4 活学活用 072
4.2 AI制作动漫头像：创造独特的个人形象 073
  4.2.1 背景 073
  4.2.2 解析 073
  4.2.3 步骤详解 073
  4.2.4 活学活用 075
4.3 AI草稿转画作：让小白变画家 075
  4.3.1 背景 075
  4.3.2 解析 075
  4.3.3 步骤详解 075
  4.3.4 活学活用 079

4.4 AI修复老照片：提升清晰度去瑕疵 079
  4.4.1 背景 079
  4.4.2 解析 079
  4.4.3 步骤详解 079
  4.4.4 活学活用 081
4.5 AI制作微电影：轻松拍摄创意短片 082
  4.5.1 背景 082
  4.5.2 解析 082
  4.5.3 步骤详解 082
  4.5.4 公式 084
  4.5.5 活学活用 085
4.6 AI照片解锁视频模式：让老照片动起来！ 085
  4.6.1 背景 085
  4.6.2 解析 085
  4.6.3 步骤详解 086

4.6.4 活学活用 087	4.10.2 解析 096
4.7 AI照片解锁唱歌模式：让照片开口唱歌 088	4.10.3 步骤详解 096
4.7.1 背景 088	4.10.4 活学活用 100
4.7.2 解析 088	**4.11 AI解梦：让AI揭示梦的含义** 100
4.7.3 步骤详解 088	4.11.1 背景 100
4.7.4 活学活用 090	4.11.2 公式 100
4.8 AI照片解锁跳舞模式：让图片跳起来！ 090	4.11.3 活学活用 102
4.8.1 背景 090	**4.12 AI起名：让AI轻松为小孩起名** 102
4.8.2 解析 091	4.12.1 背景 102
4.8.3 步骤详解 091	4.12.2 公式 102
4.8.4 活学活用 093	4.12.3 活学活用 104
4.9 AI作词谱曲：做AI时代的全能音乐人 093	**4.13 AI数字人："复活"历史人物或已故亲人** 104
4.9.1 背景 093	4.13.1 背景 104
4.9.2 公式 093	4.13.2 解析 104
4.9.3 活学活用 096	4.13.3 步骤详解 104
4.10 AI制作歌曲：特别的礼物送给特别的你 .. 096	4.13.4 活学活用 108
4.10.1 背景 096	

第5章 日常生活：用AI提高生活品质 109

5.1 AI制作食谱：定制个性化菜谱 110	**5.5 AI制订出游计划：让旅行更加愉快** 121
5.1.1 背景 110	5.5.1 背景 121
5.1.2 公式 110	5.5.2 公式 121
5.1.3 活学活用 113	5.5.3 活学活用 123
5.2 AI制订健身计划：量身制订锻炼计划 114	**5.6 AI法律顾问：解答法律难题** 123
5.2.1 背景 114	5.6.1 背景 123
5.2.2 公式 114	5.6.2 公式 123
5.2.3 活学活用 116	5.6.3 公式 125
5.3 AI心理医生：提供个性化心理辅导 117	5.6.4 活学活用 126
5.3.1 背景 117	**5.7 AI投资经理：智慧财富管理** 126
5.3.2 公式 117	5.7.1 背景 126
5.3.3 活学活用 118	5.7.2 公式 127
5.4 AI育儿专家：为家庭教育提供指导 118	5.7.3 活学活用 129
5.4.1 背景 118	**5.8 AI装修设计师：制订个性化装修方案** 129
5.4.2 公式 118	5.8.1 背景 129
5.4.3 活学活用 121	5.8.2 公式 129
	5.8.3 活学活用 131

第6章 教育：用AI助力高效学习 132

6.1 AI口语陪练：全天候英语口语老师 133	6.1.2 解析 133
6.1.1 背景 133	6.1.3 步骤详解 133

	6.1.4 活学活用 135		6.5.5	活学活用 148

6.2 AI写作润色：提高文章质量 135

    6.2.1 背景 135
    6.2.2 公式 135
    6.2.3 活学活用 137

6.3 AI视频速读：高效总结长篇视频 137

    6.3.1 背景 137
    6.3.2 解析 137
    6.3.3 步骤详解 137
    6.3.4 活学活用 141

6.4 AI论文速写：快速撰写学术论文 141

    6.4.1 背景 141
    6.4.2 步骤详解 141
    6.4.3 活学活用 144

6.5 AI作业辅导：提供个性化作业辅导 145

    6.5.1 背景 145
    6.5.2 公式 145
    6.5.3 解析 146
    6.5.4 步骤详解 146

6.6 AI学习与备考助手：助你备考高效有序 148

    6.6.1 背景 148
    6.6.2 公式 148
    6.6.3 活学活用 150

6.7 AI百科全书：提供全面知识储备 151

    6.7.1 背景 151
    6.7.2 公式 151
    6.7.3 活学活用 152

6.8 AI教案策划：轻松完成教学方案 153

    6.8.1 背景 153
    6.8.2 解析 153
    6.8.3 公式 153
    6.8.4 活学活用 159

6.9 AI高考志愿专家：解决志愿填报烦恼 159

    6.9.1 背景 159
    6.9.2 解析 159
    6.9.3 公式 159
    6.9.4 活学活用 163

第7章 副业：用AI增加第二收入 164

7.1 AI自动带货：利用数字人实现收入自动化 165

    7.1.1 背景 165
    7.1.2 解析 165
    7.1.3 步骤详解 166
    7.1.4 活学活用 169

7.2 表情包设计：销售定制化表情包 170

    7.2.1 背景 170
    7.2.2 解析 170
    7.2.3 步骤详解 170
    7.2.4 活学活用 174

7.3 AI壁纸起号：用AI壁纸转化 174

    7.3.1 背景 174
    7.3.2 步骤详解 175
    7.3.3 活学活用 178

7.4 AI老照片修复：通过修复旧照片获利 178

    7.4.1 背景 178
    7.4.2 步骤详解 178
    7.4.3 活学活用 181

7.5 AI小说推文：获取内容流量商单转化 181

    7.5.1 背景 181
    7.5.2 解析 182
    7.5.3 步骤详解 182
    7.5.4 活学活用 188

7.6 AI睡前故事：获取精准流量推动销售 188

    7.6.1 背景 188
    7.6.2 解析 188
    7.6.3 步骤详解 189
    7.6.4 活学活用 193

7.7 AI英语短文：获取流量带货教育产品 193

    7.7.1 背景 193
    7.7.2 解析 193
    7.7.3 步骤详解 193
    7.7.4 活学活用 198

第 1 章

AI 的崛起与变革

本章将引领读者深入了解人工智能的核心概念和定义,并探讨其对现代社会的深远影响。本章将回答"AI 是什么?""AI 能应用于哪些场景?""AI 对我们有什么影响?"等关键问题,为读者提供一个清晰的 AI 基础知识框架,帮助其理解这一技术的本质和运作原理。本章还将探讨 AI 在文本生成、设计和视频制作等领域的广泛应用,展示其如何创新和改变传统模式。最后,将分析 AI 对人类生活方式、工作模式和社会结构的重塑,揭示其对未来发展的潜在影响。

1.1 • AI 的基本概念与定义

在当前高速发展的科技时代，AI已不再只是一个前沿科技的象征，而是驱动各行各业深刻变革的核心力量。无论是在内容创作、商业运营，还是在科学研究与日常生活中，AI都扮演着至关重要的角色，重新定义了生产力，并引领未来发展的方向。

为了更好地理解这场技术革命的本质，我们需要深入掌握几个关键概念，这些不仅是AI领域的基础知识，也是我们进入AI世界的起点。掌握这些概念，将使我们能够更清晰地认识到AI如何通过持续的创新与变革，重塑社会的未来。

1.1.1 什么是UGC

UGC（User Generated Content，用户生成内容）是指由互联网用户自主创作并发布的原创内容。UGC的形式多种多样，包括文字、图片、视频和音频，广泛应用于社交媒体、在线社区、博客和知识共享平台。典型的UGC平台包括中国的抖音和微博等，用户在这些平台上可以自行创作并上传内容，如短视频、图片和个人见解。随着社交网络的普及，UGC逐渐发展壮大，用户通过互联网展现个人创作，形成了一个活跃而丰富的内容生态。尽管UGC的内容质量不一，但其灵活性和广泛性使其成为数字内容生态中不可或缺的一部分。

1.1.2 什么是PGC

PGC（Professional Generated Content，专业生成内容）是指由专业内容创作者或团队制作并发布的内容。PGC起源于传统媒体时代，如报纸、杂志、电视和电影，由具备专业知识和技能的人员生产，以确保内容的专业性和高质量。在数字化时代，PGC的应用范围更加广泛，涵盖了视频网站、移动应用软件、短视频和音乐等。常见的PGC形式包括我们日常观看的综艺节目、电视剧和电影，这些内容通常由专业制作团队精心策划和制作。PGC生态系统包括内容生产、推广、品牌建设和用户反馈，形成了一个闭环系统，推动了高质量内容的持续创作与传播。

1.1.3 什么是AGI

AGI（Artificial General Intelligence，通用人工智能）是指人工智能发展的高级阶段，也被称为"强人工智能"。与目前的弱人工智能（ANI）不同，AGI能够像人类一样进行感知、理解、学习和推理，具备自主解决复杂问题的能力。AGI的目标是实现与人类智能水平相当的广泛适应性，使AI能够胜任多种通用任务。一个生动的AGI案例是电影《流浪地球》中的人工智能MOSS。MOSS具备高度的自主性，能够独立管理空间站的各种事务，无须人类干预，体现了AGI在复杂环境中的应用潜力和自我管理能力。

1.1.4 什么是AIGC

AIGC（Artificial Intelligence Generated Content，人工智能生成内容）是指一种基于AI技术

的新型内容创作方式。通过机器学习，特别是深度学习模型，AIGC能够在接收指令后，模拟人类的创作行为，生成多种形式的内容，如文本、图像、音频、视频、代码和游戏等。AIGC的技术迅速发展带来了许多实际应用案例。例如，引领AIGC浪潮的ChatGPT所生成的对话内容即为AI生成的文本；另一例子是Midjourney，这是一款通过AI技术生成高质量图片的工具。AIGC的出现不仅大幅降低了内容创作的时间和成本，还降低了创作门槛，使更多人能够参与内容创作，推动了广泛的应用和创新。

AIGC标志着人工智能发展的一个新阶段。通过对大量数据的训练，AI能够学习人类语言、编程语言、艺术、化学、生物学或任何复杂的学科，并利用这些知识解决新问题。AIGC的重要性不仅在于它能激发我们的想象力，还在于它能够重塑各行各业，创造前所未有的机会。根据高盛的预测，AIGC有可能推动全球生产总值（GDP）增长7%（约7万亿美元）。他们还预测，在未来的10年内，AIGC可能将生产率增长提高1.5%。

鉴于AIGC的强大能力，我们不禁要问：它究竟能够应用于哪些具体场景呢？接下来，将深入探讨AIGC在不同领域中的实际应用。

1.2 AI在各行各业的应用场景

AIGC在各个领域展现了广泛的实际应用，推动了内容创作和生成的变革。以下是一些主要的应用场景。

1.2.1 文本生成

AI在文本生成方面的应用场景如下。

- 聊天机器人：AIGC技术用于开发智能聊天机器人，不仅能够与用户进行自然对话，提供用户支持和信息查询服务，还能在日常生活中扮演多种角色。例如，OpenAI的ChatGPT和百度的文心一言可以为用户提供心理咨询服务，帮助缓解压力，也可以充当模拟面试的面试官，帮助求职者预估面试问题并进行模拟练习，从而提高面试成功率。
- 自动写作：AIGC能够在各种场景中生成高质量的内容。例如，AI写作工具可以为记者生成新闻稿，减轻其工作负担；为企业撰写精准的公文和合同；为新媒体团队撰写创意文案，甚至为求职者生成面试简介，从而提升各行业的工作效率。
- 虚拟助手：像Windows Copilot这样的语音助手利用自然语言生成技术，为用户提供如天气预报、日程安排等服务。这些助手通过生成自然流畅的语言来回应用户需求，提升用户体验。
- 诗歌与散文创作：AIGC能够生成富有创意的诗歌、散文和小说，为文学创作带来新的灵感，帮助作家突破创作瓶颈，如下图所示。

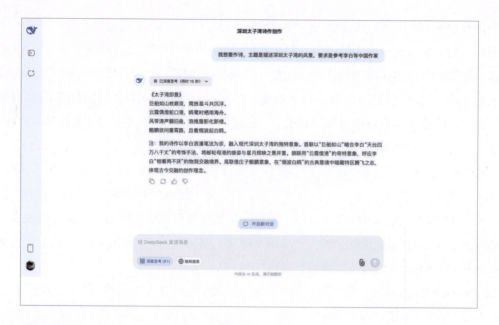

1.2.2 图像生成

AI在图像生成方面的应用场景如下。

- 艺术作品：AIGC能够生成各种风格的艺术作品，如抽象画、写实画等。用户可以通过平台如"AI艺术家"输入关键词，自动生成对应风格的画作。
- 动画设计：AIGC工具能够自动生成动画角色和场景，辅助动画制作，提升制作效率和创意表达能力。
- 电商设计：AIGC在电商营销中也能发挥重要作用，如设计促销活动的海报和宣传图片，帮助商家快速生成高质量的营销素材。
- 图像修复与增强：AIGC技术在图像修复方面表现出色，可以将模糊或破损的图像修复为高清版本，提升图片质量，如下图所示。AIGC还为设计师提供草稿着色功能，帮助他们提高设计效率，并解决创作过程中灵感不足的问题。

1.2.3 视频生成

AI在视频生成方面的应用场景如下。

- 自动剪辑与编辑：AI工具可以自动剪辑和编辑视频，生成高质量的短片和广告视频，进一步提高视频制作的效率。
- 视频制作：AIGC工具能够自动生成适用于社交媒体平台的短视频内容。例如，基于用户提供的文本描述生成对应的短视频；将老照片动态化，让历史人物与观众互动，如下图所示，甚至生成数字人进行商品带货，拓展了视频内容的创作空间。

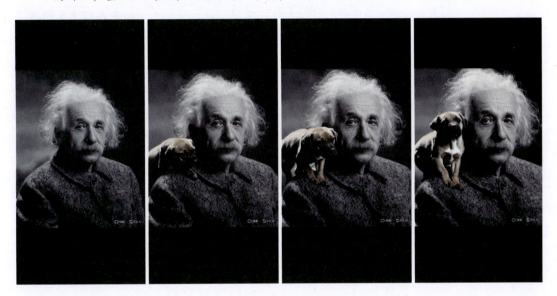

1.2.4 音频生成

AI在音频生成方面的应用场景如下。

- 语音助手：AIGC技术能够生成自然语音，与用户进行互动。例如，TTS（Text-to-Speech）技术不仅可以为视障人士提供无障碍阅读服务，还可以用于生成更加人性化的语音助手，帮助用户完成日常任务。
- 配音与解说：AI生成的语音广泛应用于动画、游戏和电影的配音工作，也可以用于抖音和B站等平台的视频解说，显著提高内容制作的效率。
- 自动作曲：AIGC降低了普通人创作音乐的门槛，能够生成旋律、和弦和音轨，辅助音乐创作。例如，AI音乐作曲软件可以根据用户输入的主题，自动生成完整的音乐片段，让更多人轻松创作音乐。

AIGC凭借其高效、创意、个性化和成本效益，在内容创作领域取得了显著突破，为满足多元化需求提供了强有力的支持。其广泛的应用前景和商业价值在内容生产和消费的各个环节得以展现，具体内容如下。

- 高效与自动化：AIGC能够迅速生成高质量的内容，尤其在需要大量内容创作的领域，如营销文案和新闻报道中，AIGC能够即时生成多样且精准的内容，大幅提高效率与发布的及时性。

- 创意与多样性：AIGC突破了传统创作的局限，能够生成独特且富有创意的内容，推动创意产业的变革。AIGC不仅限于生成文本，还可以生成图像、音频和视频等多种形式的内容，满足跨领域、多媒介的需求。
- 降低成本与提升效益：AIGC减少了对创作者的依赖，降低了内容生产成本，并优化了资源配置，提高整体效益。
- 持续学习与智能优化：AIGC能够24小时持续学习新数据，不断提升内容生成的质量与创新性。随着技术的进步，AIGC在内容生成的精准度、真实性及多样性方面表现更加优越，以满足不同行业的需求。
- 商业拓展与创新机遇：AIGC在传媒、广告、教育等领域展现出巨大的商业潜力，帮助企业提高创作效率，探索新的商业模式，增强市场竞争力。

可见AIGC在多个领域展现出了广泛的应用场景和显著的优势，探讨其对个人和社会的深远影响变得尤为重要。下面将深入分析AIGC如何重新定义我们的工作方式、生活方式，以及它对社会结构和经济发展的潜在推动作用。

1.3 · AI如何塑造社会与人类生活

1.3.1　AI对就业的影响

随着AI技术的飞速发展，多个行业正经历深刻的变革，这对个人职场竞争力产生了显著影响。2023年4月12日，蓝色光标公司宣布停止创意设计、方案撰写、文案撰写及短期雇员等四类外包支出，转而采用AIGC技术。这一变化表明，广告和公关行业正逐步采用AI技术，传统的重复性岗位可能被机器取代。这要求个人不断提升技能，特别是创造性思维和复杂问题解决能力，以适应未来的职场需求。

2023年5月1日，IBM公司宣布将使用AI取代7800多个主要涉及后台工作的岗位。公司首席执行官阿尔温德·克里希纳预计，这些岗位的30%工作将由AI完成。这一决定提醒我们，技术进步带来了职场风险，特别是对后台支持岗位的影响。

同样，2023年4月21日，360集团创始人周鸿祎发布内部信，宣布公司全面拥抱AI，推动员工与AI的协作。他认为超级AI时代已来临，企业必须迅速适应这一趋势以保持创新力。这表明，未来的职场竞争力将高度依赖于个人对AI技术的适应和利用能力。

1.3.2　AI对日常生活的影响

AI技术正在深刻改变我们的生活方式，特别是在自动驾驶和智能家居领域。百度公司的自动驾驶服务平台"萝卜快跑"自2021年8月18日发布以来，已在武汉地区投入超过400辆无人驾驶汽车，并预计到2024年年底实现收支平衡，2025年全面盈利。此外，百度Apollo发布的第六代无人车在智能驾驶和成本方面进行了显著升级。这不仅展示了AI在出行领域的实际应用，还预示着我们未来的生活将更加智能和便捷。

在智能家居领域，AI大模型技术的应用也显现出显著影响。智能家居设备通过AI技术提升了交互能力和智能化水平。例如，智能音箱的语义理解能力得到提升，智能门锁和安防摄像头通过AI技术实现了更精准的运动检测和面部识别。这些技术进步使家庭生活变得更加便捷、安全和个性化。

1.3.3　AI对娱乐的影响

AI技术正在迅速改变娱乐行业，尤其是在游戏和影视领域。英伟达公司在2023年5月30日推出了专为游戏设计的AI模型代工服务——Avatar Cloud Engine (ACE) for Games。此服务允许开发者创建和部署定制化的语音、对话和动画AI模型。在Computex 2023展会上，英伟达公司展示了使用Nvidia Ace工具制作的游戏 *Demo Kairos*，展现了其逼真的人物角色生成技术。英伟达公司还通过DLSS技术提升了游戏的帧率和流畅度。这些动态表明，AI技术正在推动游戏行业向更加沉浸式和互动性的方向发展。

在影视制作方面，快手正在积极探索AI短剧的制作，例如基于《山海经》的AI短剧《山海奇镜之劈波斩浪》，其累计播放量已突破5200万次。这些AI短剧展示了AI在视觉效果和剧情表现力上的潜力。AI技术不仅降低了制作成本，还提高了效率，为影视行业带来了新的可能性。

1.3.4　AI对教育的影响

AI技术正重塑教育方式，尤其在考试评估和语言学习领域。上海人工智能实验室的评测显示，Qwen2-72B、GPT-4o和书生·浦语2.0文曲星等大模型在高考全卷中的表现优异，得分率超过70%。在语言学习方面，TalkAI练口语应用软件排名靠前，支持60多种语言学习，提供30多种AI外语角色和100多种实用场景练习。

AI通过个性化学习体验和实时反馈，推动了教育方式的创新。但同时这些变化也促使我们重新审视当前的教育评价体系，未来的教育可能需要更加关注培养学生的创造力和解决复杂问题的能力。

因此，随着AI技术的快速发展，我们的生活、工作和娱乐方式都在经历深刻的变革。这种变化不仅要求我们跟上技术发展的步伐，还迫使我们尽快掌握AI相关技能，以应对不断变化的职业需求和生活挑战。

第 2 章

掌握 AI 对话的八大技巧

本章将深入探讨如何有效地与 AI 进行对话，提供八种关键技巧以优化 AI 的生成效果。内容涵盖万能提示词的使用、发散式提问引导创意灵感、概括式提问快速总结、延展式提问续写文案、选择式提问解决选择难题，还将讲解如何控制文案风格和输出格式，最后展示模拟自然对话的技巧。这些技巧将帮助读者充分发挥 AI 的潜力，提升工作和创作效率。

2.1 万能提示词：入门 AI 必学公式

2.1.1 背景

许多人在刚开始使用AI工具时，可能不知道如何有效地提问，以获得准确和有用的回答。过去，我们与计算机的互动主要依赖代码，而现在我们与AI的对话则通过自然语言进行。然而，初次使用AI工具的用户常常不清楚如何准确表达自己的需求和问题。

为了解决这一问题，这里将介绍一种万能的提问公式。这种公式将帮助用户根据自身需求更明确地提出问题，从而提高与AI工具的互动效率和体验。

2.1.2 公式

万能公式的结构为：赋予角色+背景或现状+目的或需求+输出要求+补充内容

- 赋予角色：给AI指定一个特定的角色或身份，使其能够从该角色的角度提供专业的回答。例如，可以让AI扮演行业专家、教师或顾问等角色。
- 背景或现状：提供与问题相关的背景信息或现状描述，帮助AI更好地理解问题的上下文。这一步骤使AI能根据具体的情境来提供更准确的建议或答案。
- 目的或需求：清晰地说明你希望AI达成的目标或你需要的具体答案。明确的需求能确保你得到的回答符合你的实际要求和期望。
- 输出要求：指定你希望AI以何种形式输出回答，例如文字描述、列表、总结或其他格式。这一步骤有助于获取符合你期望的回答形式。
- 补充内容（可选）：额外提供的说明或要求，可以包括特别需要注意的细节、限制条件或其他额外信息。这有助于进一步精准地调整AI的回答。

首先，我们先进入一个场景，现在的任务是为公司编写一个公众号文案，用于宣传健身并介绍公司的私教课程，针对的是小体重需要增肌的人群。假设我们是AI初学者，对如何有效地与AI对话尚不熟悉，所以直接表达需求。

用户：
请你编写一个与健身相关的文案。

AI：
当然可以！以下是一个与健身相关的文案，旨在激励人们保持健康和积极的生活方式。

迈向健康的每一步：激发你的健身热情

你是否曾经对镜子里的自己感到不满？你是否渴望改变，但却不知道从何开始？现在，是时候迈出第一步，走向更加健康、更加自信的自己了！

塑造健康，改变生活

健身不仅是为了拥有一个完美的身材，更是为了提升你的整体健康和生活质量。通过规律的锻炼，你不仅可以增强体质，还能改善心情，增强心理韧性。无论你是健身新手还是经验丰富的运动爱好者，都能从中获益。

设定目标，逐步实现

成功的关键在于设定切实可行的目标。无论是每周增加一次锻炼，还是挑战自己完成一项新的运动，逐步实现目标能帮助你保持动力，看到自己的进步。小目标的达成，将带来更大的成就感。

选择适合自己的运动

每个人的身体状况和兴趣爱好不同，选择适合自己的运动方式至关重要。无论是跑步、游泳、力量训练，还是瑜伽，找到你喜欢的运动形式，才能让健身变得更加有趣和持久。

坚持锻炼，享受过程

健身的效果不仅体现在体重的变化上，更在于你在过程中收获的成就感和健康的提升。记住，锻炼是一个长期的过程，坚持下去，你会发现自己越来越强大，生活也会变得更加充实。

健康饮食，配合锻炼

健康的饮食和适量的锻炼是实现健康生活的两大支柱。均衡饮食提供必要的营养，为你的锻炼提供能量支持。合理的饮食和锻炼搭配，将使你更快地看到改变。

开始行动，让每一天都充满活力

现在就开始行动，加入健身的行列吧！每一步都将带你走向更健康的生活。让运动成为你生活的一部分，享受每一次锻炼带来的乐趣与挑战。

你准备好迎接全新的自己了吗？

希望这个文案能帮助你激励自己和他人迈向更健康的生活！如果有任何特定需求或修改意见，随时告诉我。

通过结果来看，可以发现AI所生成的这篇健身文章内容显得比较空泛，没有突出的重点，接下来我们看看基于万能提问公式优化后的生成效果。根据刚刚的场景，我们可以按照以下内容来应用公式。

- 赋予角色：你现在是专业的健身教练。
- 背景或现状：现在需要帮助公司宣传健身并介绍公司的私教课程。
- 目标与需求：请你编写一个公众号文案。
- 输出要求：文章需要包含真实的案例且格式严谨。
- 补充需求：主题是针对小体重需要增肌人群的训练计划。

通过这五个步骤，我们便可以形成一个完整的提问公式。下面就测试一下AI生成的内容。

用户：
你现在是专业的健身教练，现在需要帮助公司宣传健身并介绍公司的私教课程，请你编写一个公众号文案，文章需要包含真实的案例且格式严谨，主题是针对小体重需要增肌人群的训练计划。

AI：

小体重增肌计划——让你从零开始，打造理想身材！

对于许多追求健美体型的朋友来说，体重偏轻可能成为增肌的障碍。作为专业健身教练，我们的目标是帮助每一位客户实现他们的健身梦想。以下是我们针对小体重增肌人群的训练计划,通过真实案例展示其有效性,让你对增肌之路充满信心!

真实案例:李先生的成功转变

李先生,25岁,体重55千克。起初,他常感到训练后效果不明显,对增肌产生了疑虑。在接受了我们的专业评估和个性化训练计划后,李先生的体重在3个月内增加了8千克,体脂率也显著降低。他的肌肉线条更加明显,整体体型得到了显著改善。

训练计划概述

1. 训练频率:每周4次,每次1小时。
2. 主要目标:提高肌肉质量、增加力量。
3. 计划内容:

- **力量训练:**
  - 深蹲:3组,每组12次。增强下肢力量,促进整体肌肉增长。
  - 卧推:3组,每组10次。有效刺激胸肌、肩部和三头肌。
  - 硬拉:3组,每组10次。锻炼背部、臀部及腿部肌肉,提高全身力量。
  - 引体向上:3组,每组尽可能多次。增加背部及手臂肌肉力量。
- **有氧训练:**
  - 高强度间歇训练:每周2次,每次30分钟。提高心肺功能,帮助提高训练效果。
- **核心训练:**
  - 平板支撑:3组,每组坚持60秒。强化核心肌群,稳定身体姿态。
  - 俄罗斯转体:3组,每组20次。增强腹部肌肉力量,改善腰部稳定性。

营养建议

增肌不仅依靠训练,合理地摄取营养也是关键。我们建议每餐摄入足够的蛋白质,如鸡胸肉、鱼类、豆制品等。同时增加复合碳水化合物的摄入,如全麦面包、燕麦等,帮助肌肉恢复和增长。每日至少喝8杯水,以保持身体的正常代谢。

专业指导与支持

我们提供的私教课程将为你提供个性化的训练计划和营养指导,确保你在增肌过程中获得最佳效果。通过定期的身体评估和调整训练方案,我们将帮助你不断超越自我,达到理想的身体状态。

加入我们,开始你的增肌之旅,让专业的教练团队为你的健康和目标保驾护航!

咨询热线:×××××××××××

官方网站:www.×××××××.com

马上预约,开启你的健身新篇章!

所以,通过应用AI的万能提问公式并补充相关信息,就可以让AI的输出更有指向性,从而更好地满足我们的需求。

2.1.3 活学活用

假设你是一名市场营销经理,负责开发新产品的市场推广策略。你希望利用AI生成一个详细的市场分析报告,以帮助团队更好地理解目标市场的需求和竞争环境。

2.2 发散式提问：让 AI 提供灵感

2.2.1 背景

在创新和创意的过程中，发散式提问是一种有效的技巧，它可以帮助人们突破思维的局限，激发新的想法和灵感。通过提出开放性的问题，我们能够探索更多的可能性，发现潜在的机会，并为项目或问题找到新的解决方案。AI可以通过生成各种创意性的建议来支持这一过程，帮助用户在思维上进行广泛的拓展。

2.2.2 公式

万能公式的结构为：赋予角色（选填）+背景或现状+目的或需求+输出要求（选填）+补充内容（选填）

- 背景或现状：描述我们提问的原因。
- 目的或需求：描述我们的需求，请你提供×个方案或灵感。

用户：
现在需要推广公司的新口红，需要想新的营销方案，请你提供3个方案或灵感。

AI：
以下是3个新的营销方案，旨在为公司推广新的口红产品注入创意和活力。
1. 虚拟试色体验：利用增强现实（AR）技术，创建一个虚拟试色App或小程序，允许消费者通过手机摄像头试色。用户可以在家中随时体验不同的口红色号，还可以分享自己的试色结果到社交媒体，增加品牌的曝光率。同时，可以提供个性化推荐，根据用户的肤色和喜好推荐最适合的口红色号。
2. 口红定制化活动：在社交媒体上推出一项"定制口红"活动，鼓励用户提交他们的色彩偏好和个性化需求。根据用户的反馈，推出限量版的口红系列。通过这种方式，不仅能增加用户的参与感和忠诚度，还能产生独特的市场需求。活动期间可以设置一些互动环节，例如"最佳色号"评选，以提升用户的参与度。
3. 口红创意挑战：举办一场"口红创意挑战"，邀请消费者分享他们使用新口红的创意妆容或化妆教程。设置奖项，激励用户展示他们的创意，同时鼓励他们在社交媒体上分享内容。这样可以利用用户生成的内容（UGC）来增加品牌的社会影响力，同时吸引更多的目标受众参与。

这些方案可以结合公司已有的市场策略，打造独特且富有吸引力的营销活动。

AI不仅能在工作中为我们提供灵感，生活中我们也可以利用AI来满足我们的需求。例如，我们可以向AI输入个人偏好和需求，从而获得个性化的穿搭建议。

用户：
我要去海南旅游，需要整理好出行的服装，请你提供5套穿搭方案，并详细说明配色、款式等。

AI：

去海南旅游时，穿搭方案可以兼顾舒适性和时尚感，考虑到海南的热带气候，你的衣物应该以轻便、透气为主。以下是 5 套适合海南旅游的穿搭方案。

1. 轻松休闲风
   - 上衣：白色宽松短袖衬衫，材质以棉麻为佳，透气性好。
   - 下装：浅蓝色高腰短裤，搭配轻盈的面料，可以让你在炎热的天气中感到舒适。
   - 鞋：白色运动鞋或舒适的拖鞋。
   - 配件：浅棕色宽边草帽，保护你免受强烈的阳光，搭配一副太阳镜。
   - 包：轻便的帆布背包，方便携带日常用品和水壶。

2. 度假风情
   - 上衣：淡粉色V领短袖衬衫，优雅而不失清新感。
   - 下装：花卉图案的短裙，轻盈的面料增加了度假感。
   - 鞋：浅米色凉鞋，适合海滩散步。
   - 配件：蓝色或绿色的太阳镜，增添度假气息。
   - 包：编织风格的手提包，既实用又时尚。

3. 运动风格
   - 上衣：灰色运动背心，排汗、快干，适合运动或户外活动。
   - 下装：黑色运动短裤，透气且舒适。
   - 鞋：黑色运动鞋，适合长时间行走和活动。
   - 配件：运动帽子，防晒效果好；运动腕带，方便携带小物品。
   - 包：运动风格的斜挎包或小背包，方便携带必需品。

4. 优雅清新风
   - 上衣：浅蓝色雪纺衫，透气且飘逸。
   - 下装：白色半身长裙，轻薄且舒适。
   - 鞋：浅灰色平底鞋或凉鞋，适合各种场合。
   - 配件：银色简约耳饰和手链，增添优雅气质。
   - 包：小巧的斜挎包或手提包，方便外出时使用。

5. 海边风格
   - 上衣：海蓝色条纹T恤，清新且符合海边风格。
   - 下装：米色沙滩裤，舒适且适合海边活动。
   - 鞋：白色拖鞋，方便在沙滩上行走。
   - 配件：草编太阳帽和防晒霜，保护皮肤不被晒伤。
   - 包：防水的海边包，适合携带泳衣、毛巾等海边必需品。

这些穿搭方案兼顾了时尚与实用性，希望你在海南的旅程中能够既舒适又不失时尚！

2.2.3　活学活用

假如你的朋友在美容院担任市场推广专员，他希望通过小红书推广美白项目。请通过AI帮他探索有效的宣传推广策略，以实现美白项目的宣传，同时推广美容院的品牌。

2.3 概括式提问：让 AI 快速总结长篇内容

2.3.1 背景

在处理长篇文章或复杂信息时，概括式提问是一种高效的策略，它可以帮助快速提取关键点和核心内容。通过提出概括性的问题，可以让AI从冗长的信息中提炼出重要信息，从而节省时间并提升信息的处理效率。

2.3.2 公式

万能公式的结构为：赋予角色（选填）+背景或现状+目的或需求+输出要求+补充内容（选填）

- 目的或需求：（需要概括的文章）将这段文字概括为×××个字。
- 输出要求：提炼要点使其易于阅读和理解，避免使用复杂的句子结构或技术术语。

> **用户：**
> 时间相对论的知识背景
> 基本概念
> 时间相对论主要包括狭义相对论和广义相对论，是由阿尔伯特·爱因斯坦提出的两个理论，旨在描述高速运动物体和引力场对时间和空间的影响。
>
> （省略1000字）
>
> 总体而言，时间相对论不仅在基础物理学中占据了核心地位，而且在现代科技和宇宙学研究中也发挥了至关重要的作用。
>
> 将这段文字概括为200个字，提炼要点使其易于阅读和理解，避免使用复杂的句子结构或技术术语。

> **AI：**
> 时间相对论包括狭义相对论和广义相对论，都是由爱因斯坦提出的。狭义相对论（1905年）处理高速运动物体的情况，核心思想包括：物理规律在所有惯性参考系中相同，光速恒定，高速运动物体的时间变慢，长度变短，以及质量和能量的等价性。广义相对论（1915年）扩展了这些概念，解释了引力是时空弯曲的结果，并提出了等效原理。时间相对论在GPS系统、天文学、高能物理学和宇宙学中都有重要应用。最新研究包括引力波探测、量子引力理论、暗物质和暗能量研究，以及时空量子化。

因此你可以直接将需要总结的长文复制到AI中，让它根据指定字数进行概括，这样可以帮助你快速了解核心要点。同时，你也可以选择其他方法，例如上传文件到AI软件，让它帮助优化文案表达，删除多余内容，具体的操作如下。

01 打开Kimichat，单击"附件"按钮，上传需要总结的文件。

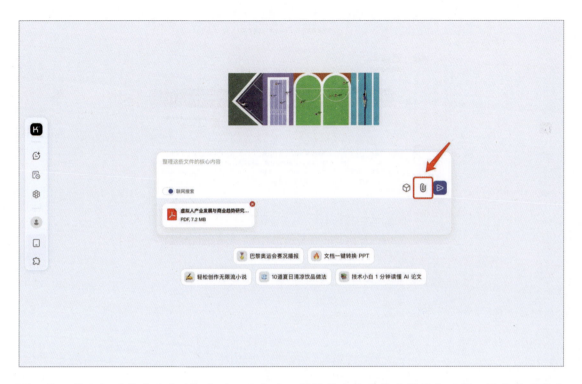

02 输入提示词(将这段文字概括为 200 个字,提炼要点使其易于阅读和理解,避免使用复杂的句子结构或技术术语)后单击"发送"按钮。

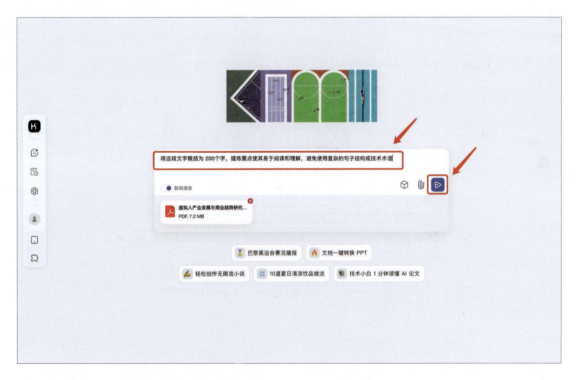

稍等片刻,AI 就会帮你快速总结文件了。

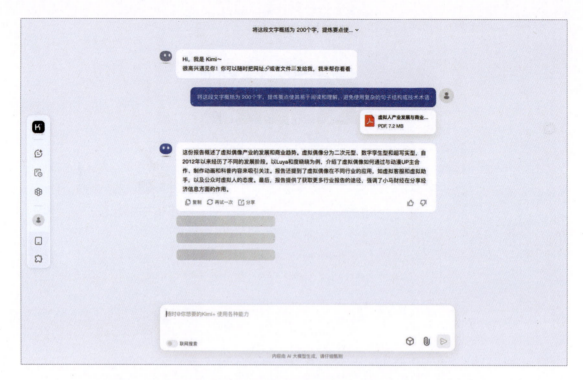

你还可以利用AI工具的联网功能,将需要快速总结的文章链接复制到工具中,然后输入相关提示词,具体的操作步骤如下。

01 打开Kimichat,选中"联网搜索"复选框。

02 输入文章链接和提示词(将这段文字概括为200个字,提炼要点使其易于阅读和理解,避免使用复杂的句子结构或技术术语)到文本框后,单击"发送"按钮。

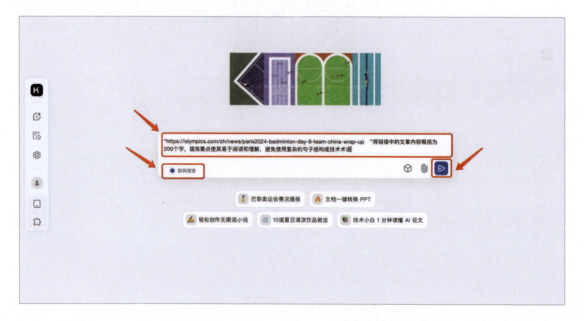

同样，AI也会帮你快速总结链接中的文章内容。

2.3.3 活学活用

试试让AI帮你总结长篇文章、报告、文件吧。

2.4 延展式提问：让 AI 快速续写文案

2.4.1 背景

在撰写文案时，我们有时会遇到灵感枯竭的情况，不知道如何继续。这个时候，AI可以成为一个有力的工具，帮助我们延展内容并提供不同的写作方案。AI拥有海量的文档数据，可以根据各种类型和场景，为我们提供有价值的建议。这种技术不仅能帮助我们迅速找到合适的续写方向，还能确保文案的连贯性和完整性。

2.4.2 解析

延展文档有两种方法：一种是直接在现有文案的基础上续写，另一种是根据提供的大纲进行续写。

1. 根据已有文案续写：继续撰写，保持文案风格和主题一致

万能公式的结构为：（续写文案的开头部分文字）请你基于这个开头继续撰写文案

用户：

"健康生活方式不仅是一个时尚潮流，它还是一种让身体和精神都得到全面提升的生活方式。通过均衡饮食和规律运动，我们能够保持最佳的身体状态和心理状态。"

请你基于这个开头继续撰写文案，增加具体的建议和示例。

AI：

健康生活方式不仅是一个时尚潮流，它还是一种让身体和精神都得到全面提升的生活方式。通过均衡饮食和规律运动，我们能够保持最佳的身体状态和心理状态。要实现这一目标，可以从以下几个方面入手：

1. 均衡饮食：选择富含营养的食物是关键。早餐可以吃全麦面包、鸡蛋和新鲜水果，为一天的活动提供充足的支持能量。午餐和晚餐应包含丰富的蔬菜、优质蛋白质（如鱼类、鸡）和适量的健康脂肪（如橄榄油、坚果）。避免高糖、高脂肪的加工食品，保持饮食的多样性和营养均衡。

2. 规律运动：每周至少进行150分钟的中等强度运动，如快走、游泳或骑自行车，可以帮助改善心血管健康，增强肌肉力量和耐力。每周安排几次力量训练，如举哑铃或瑜伽，可以增加骨密度，提升整体体能水平。

3. 充足睡眠：确保每晚进行7~9小时的优质睡眠，以帮助身体恢复和再生。保持规律作息，创造一个舒适的睡眠环境，并避免在睡前使用电子设备，有助于提高睡眠质量。

4. 心理健康：心理健康同样重要。定期进行冥想、深呼吸练习或与朋友和家人交流，能够有效缓解压力，提升心理韧性。参与兴趣爱好和社交活动，有助于增强生活的满足感和幸福感。

通过这些简单而有效的措施，我们可以轻松进入健康状态，享受更加充实、快乐的生活。记住，健康的生活不仅是一个目标，而是一段值得享受的旅程。

2. 基于大纲续写：根据大纲结构详细描述要点

万能公式的结构为：（大纲）请你基于（指定大纲的某一个章节）撰写文案

用户：

调研报告大纲：人工智能的发展史

1. 引言
   1.1 研究背景和意义
   1.2 目标和范围
2. 人工智能的起源
   2.1 早期思想和概念
   2.2 古代神话和哲学中的智能概念
   2.3 早期计算机科学的萌芽
3. 早期发展阶段（1950—1970年）
   3.1 阿伦·图灵及其对人工智能的贡献
   3.2 1956年达特茅斯会议及"人工智能"一词的提出
   3.3 早期的人工智能程序和应用

4. 繁荣与低谷（1980—1990 年）

  4.1 专家系统的兴起

  4.2 领域专家系统的应用

  4.3 AI 的冬天

5. 现代人工智能的崛起（2000 年至今）

  5.1 数据驱动的方法和深度学习

  5.2 关键技术和突破

  5.3 重要应用领域

6. 未来展望

  6.1 人工智能的潜在发展方向

  6.2 挑战与机遇

  6.3 伦理和社会影响

请你基于大纲的 6.1 节撰写文案。

AI：

6.1 人工智能的潜在发展方向

人工智能（AI）正快速发展，其未来潜在方向充满了无限可能。以下是几个重要的发展趋势。

1. 自适应智能系统：未来的AI系统将更加自适应，能够在不断变化的环境中自动调整和优化其功能。这种系统将不仅限于特定任务，而是具备广泛的适应能力，能够处理复杂的、多样化的情况。

2. 增强现实与虚拟现实的深度融合：AI将推动增强现实（AR）和虚拟现实（VR）技术的进一步发展，提供更加沉浸式的体验。通过结合AI技术，AR和VR系统能够实时解析用户的环境和行为，生成更加自然的互动虚拟体验。

3. 智能医疗的突破：在医疗领域，AI的应用将推动个性化医疗和精准医疗的发展。AI可以分析大量的健康数据，帮助制订个性化的治疗方案，并在疾病早期进行预测和干预，提高医疗服务的效率和效果。

4. 智能城市建设：AI将在智能城市建设中发挥重要作用，包括交通管理、能源优化、环境监测等。通过智能化的城市管理系统，AI将提高城市的运行效率，改善居民的生活质量。

5. 人工智能与人类合作的新模式：未来的AI将更加注重与人类的协作，而不是简单地替代人类的工作。这种合作模式将促进人类和AI的互补优势，实现更加高效和创造性的工作方式。

6. 量子计算与AI的结合：量子计算的进步将为AI提供更强大的计算能力。量子计算能够处理复杂的数据计算任务，进一步提升AI的性能和应用范围，推动解决当前计算能力无法处理的挑战。

这些发展方向预示着 AI 将在各个领域带来深远的影响。随着技术的不断进步和应用场景的拓展，未来的人工智能将更加智能化、个性化，并与社会的各个方面紧密结合。

所以，我们可以借助AI技术，迅速根据已有文案生成文本，从而有效解决创作过程中遇到的灵感匮乏的问题。这种方法不仅节省时间，还能在创意开发阶段提供有力支持，使我们能够更专注于核心的内容策划。

2.4.3 活学活用

尝试提供一个现有的文案开头或内容,让AI继续扩展,以满足你的具体需求。这种方法可以帮助你快速生成更丰富和完整的文案。

2.5 选择式提问:让AI帮你告别选择困难

2.5.1 背景

在面对多种选择时,人们常常感到困惑,不知道哪一个选项最符合自己的需求或期望。无论是在选择产品、规划活动还是制订策略时,做出明智的决策往往需要考虑多个因素。这种选择困境不仅耗费时间,还可能导致决策不够精准。AI可以通过分析各种选择的优缺点,帮助用户在多种选项中做出快速而明智的决策,从而解决选择困难的问题。

2.5.2 公式

万能公式的结构为:赋予角色(选填)+背景或现状+目的或需求+输出要求+补充内容(选填)

- 背景或现状:现在需要决策(描述你的选择问题)。
- 目的或需求:目前的方案分别有(描述已有选项)。
- 输出要求:分析不同选项的优缺点,并推荐一个最合适的选项。

用户:
我现在需要决定下一个季度的市场营销策略。我在考虑3种不同的方案:方案A是增加社交媒体广告投放;方案B是提升与现有客户的关系管理;方案C是开发新的市场渠道。我不确定哪种方案最适合我们的当前业务需求。你能帮我分析一下这些方案的优缺点,并推荐一个最合适的选择吗?

AI:
当然可以!为了给出最合适的建议,我需要了解你的具体需求和优先考虑的因素。请回答以下几个问题。

- 目前的主要市场挑战是什么(例如,客户获取、品牌认知、客户留存等)?
- 你的市场营销预算是多少?
- 对于市场营销策略的哪些方面比较看重(例如,短期效果、长期收益、客户满意度等)?

用户:
我们的主要挑战是提高品牌认知度和客户获取。市场营销预算大约是50万元。我们比较看重的是短期效果和市场覆盖面。

AI:
明白了!根据你的需求,对三种方案的分析如下。

> 1. 增加社交媒体广告投放
>   - 优点：社交媒体广告能迅速增加品牌的曝光率，特别适合想要快速吸引新客户的情况。你可以根据广告效果随时调整策略。
>   - 缺点：可能需要投入比较大的预算，而且需要持续投入才能保持效果。短期内见效比较快，但长期效果还需要继续观察。
> 2. 提升与现有客户的关系管理
>   - 优点：通过改善客户关系，可以增加现有客户的忠诚度和复购率，这对于长期业务增长很有帮助，还能增强客户的满意度和口碑。
>   - 缺点：这个方案对新客户的吸引效果有限，主要针对的是现有客户，短期内可能不会看到太明显的效果。
> 3. 开发新的市场渠道
>   - 优点：开辟新市场可以吸引到不同的客户群体，有助于长期的业务增长。市场覆盖面会扩大，可能会带来新的收入来源。
>   - 缺点：开辟新市场需要较多的前期投入和调研资源，短期内可能效果不明显。
>
> 推荐：
>
> 鉴于你们目前的需求是快速提高品牌曝光和吸引新客户，我建议选择增加社交媒体广告投放。这个方案能在短期内能看到明显的效果，符合你的需求。如果预算允许，也可以考虑在后期逐步增加对客户关系管理的投入，以便长期保持客户的忠诚度。
>
> 希望这个分析能帮到你！如果还有其他问题或需要进一步讨论，请随时告诉我。

通过选择式提问，就能让AI就像一位经验丰富的导师，提供独特的视角和深刻的洞察，帮助我们快速而准确地做出决策。

2.5.3 活学活用

你的朋友计划在假期去旅行，但不确定是去海边还是去山区，他主要想放松一下，预算在5000元左右，计划去7天。请你用AI帮他决策出去哪里更好吧！

2.6 控制文案风格：扩大 AI 的应用场景

2.6.1 背景

在不同的文案写作场景中，控制和调整文案风格对确保信息的有效传达和满足目标受众的需求至关重要。AI能够根据应用场景的不同，调整文案风格，以提升文案的精准度和影响力。然而，不同场景下的文案风格差异可能导致许多人难以准确把握，因此，需要明确的指导和专业的调整。

2.6.2 解析

在文案创作中，控制文案风格至关重要，以确保信息传达有效并吸引目标受众。优化和调整文案风格可以通过以下3种方式。

1. 根据场景优化文案

不同场景要求不同风格。例如，公司内部报告需要正式、准确的风格，而广告文案可以更具吸引力和趣味性。调整风格以符合具体场景，确保信息传达清晰。

万能公式的结构为：（描述文案的使用场景），请帮我调整一下文案，使其更符合（场景）的风格。文案是：（需要修改的文案）

用户：
我需要写一份公司内部的年度总结报告。请帮我调整一下文案，使其更符合正式报告的风格。文案是：我们的团队今年做了很多了不起的工作，尤其是在项目管理方面，取得了很大的进展。大家都很努力地完成了任务。

AI：
在本年度，公司团队在项目管理领域取得了显著进展。各部门成员的努力和贡献显著提升了项目执行的效率与质量。我们在任务完成上表现出色，为公司整体目标的实现作出了重要贡献。

可见，只需将文案及其应用场景提供给AI，它将生成贴合场景的文案供我们参考。例如，在日常办公中的公文写作或编写分析报告时，我们都能通过AI将口语化的表达自动转化为正式书面文稿。

2. 根据目标受众调整风格

针对不同受众的需求，调整文案风格。例如，我们需要撰写一个广告文案，面向儿童群体可以使用轻松有趣的语言，而面向老人群体则应注重健康等主题，这样可以提高文案的针对性和吸引力。

万能公式的结构为：（需要修改的文案）请你针对（目标人群）优化文案

用户：
好事薯片，欢乐时刻的最佳伴侣！
当美味与欢乐相遇，好事薯片就是你不容错过的选择。每一片薯片都源于精心挑选的优质土豆，经过独特工艺精制而成，确保每一口都酥脆可口、味道浓郁。无论是与家人朋友分享，还是在闲暇时刻自己享受，好事薯片都能为你带来满满的快乐。
选择好事薯片，让每一个瞬间都充满欢笑。让我们一起分享这份简单而纯粹的快乐吧！
好事薯片，快乐从这里开始。
请你针对儿童群体优化这段文案。

AI：
当然，以下是针对儿童群体优化后的文案。
好事薯片，快乐时光的超级伙伴！
当美味和快乐相遇，好事薯片是你最棒的选择！每一片薯片都是用优质土豆精心制作的，保证每一口都脆脆的、香香的。无论是和家人朋友一起分享，还是在玩耍的时候自己享用，好事薯片都会给你带来满满的欢乐。

选好事薯片，让每一个时刻都充满笑声。快来一起享受这份简单又纯真的快乐吧！

好事薯片，快乐从这里开始！

在描述了面向人群后，AI将"最佳伴侣"转化为"超级伙伴"，并将"闲暇时刻"改为"玩耍的时候"，以更贴合儿童的实际场景。这种调整使文案更加具有针对性，能够更好地吸引儿童群体的兴趣。

3. 让AI模仿特定人物的风格

在需要展现特定品牌或人物风格时，可以让AI模仿某位知名人物的说话方式。这种风格化文案可以帮助品牌更好地与受众建立情感联系，提高传播效果。

用户：

很久很久以前，森林里有一只兔子和一只乌龟。他们一直都在争论，谁跑得更快，谁更强壮。于是，它们决定展开一场比赛，看看谁更优秀。

比赛开始了，兔子飞快地跑了起来，很快就跑到了前面。而乌龟则一步步地爬行，缓慢而稳定地前进。但是，兔子有些自大，看到自己领先那么多，便决定在路边小歇一会儿。

可是，当它醒来时，乌龟已经接近终点了。于是，它赶紧奋力直追，像一道闪电狂奔而去。但是，无论怎样，它也追不上乌龟。最终，乌龟一步步爬到了终点，成为胜利者。

这个故事告诉我们，勤奋和坚持不懈的精神是成功的关键，而骄傲和懒惰则会让我们失去获得成功的机会。就像乌龟一样，虽然它的奔跑速度比不上兔子，但是它却坚持不懈地向前爬行，最终获得了胜利。

请你将以上故事，用幼儿教师的口吻进行表达。

AI：

嗨，小朋友们，今天我要给你们讲一个有趣的故事——《龟兔赛跑》。

很久很久以前，森林里住着一只兔子和一只乌龟。它们一直在争论，谁跑得更快，谁更厉害。于是，它们决定举行一场比赛，看看到底谁能赢。

比赛开始啦！兔子跑得飞快，瞬间就跑到了前面。而乌龟则一步一步地走，虽然慢，但很稳。兔子看到自己跑得这么快，觉得自己赢定了，于是在路边休息了一会儿。

可是，当兔子醒来时，乌龟已经快到终点了。兔子赶紧使出全力，像闪电一样跑去追乌龟。但是，无论兔子跑得多快，都赶不上乌龟。最后，乌龟坚持不懈地走到了终点，赢得了比赛。

这个故事告诉我们，要像乌龟一样努力和坚持。虽然兔子跑的速度很快，但它的骄傲和懒惰让它失去了赢得比赛的机会。只要我们坚持努力，不放弃，就一定能取得成功哦！

小朋友们，让我们像乌龟一样，坚持不懈地追求我们的梦想，努力做到最好！

2.6.3 活学活用

公司希望你将好事薯片的广告宣传语转化为适合小红书的文案，请利用AI工具完成这个任务。文案：好事薯片，欢乐时刻的最佳伴侣！当美味与欢乐相遇，好事薯片就是你不容错过的选择。每一片薯片都源于精心挑选的优质土豆，经过独特工艺精制而成，确保每一口都酥脆可口、味道浓郁。无论是与家人朋友分享，还是在闲暇时刻自己享受，好事薯片都能为你带来满满的快乐。选择好事薯片,让每一个瞬间都充满欢笑。让我们一起分享这份简单而纯粹的快乐吧!好事薯片,快乐从这里开始。

2.7 控制输出格式及要求:让 AI 回答更佳可控

2.7.1 背景

在使用AI生成文案时,控制输出格式和要求非常重要。这能确保生成的内容符合预期标准,使其在实际应用中更有效。无论是文案结构、语言风格,还是格式要求,控制输出格式能提升内容的质量。用户应明确这些要求,例如是否需要表格、图表、数据或特定术语,以便AI能更精确地生成符合标准的文档,提高准确性和实用性。

2.7.2 解析

文案的格式主要可以总结为以下五种大类。

1. 字数与结构:包括文案字数以及段落结构的要求,如引言、主体和结论的安排。
2. 表格与图表:指定需要的表格和图表类型、结构及内容,以清晰展示数据或对比信息。
3. 语言风格与术语:规定语言风格(如正式或非正式)和使用的特定术语,以符合目标读者的需求。
4. 格式要求:包括字体、字号、行距等,以确保文案的视觉一致性和专业性。
5. 标题与子标题:定义标题的格式、层级及其内容,以保证文案内容清晰明了。

在前文中已介绍了如何让AI生成特定字数、语言风格和格式。接下来,将讨论如何控制AI生成表格和标题。

如果你需要为外国同事写贺卡,但不确定用什么样的文案合适,可以让AI帮你生成建议,并提供中文和英语的对照表格。

> **用户:**
> 请你想 10 句新年贺词,面向的是美国朋友,格式为表格,第 1 列是中文,第 2 列是英语。

AI:

当然!以下是面向美国朋友的新年贺词。

中文	英语
祝你新年快乐,万事如意!	Wishing you a Happy New Year and all the best!
祝福你在新的一年里健康幸福!	May the new year bring you health and happiness!
愿你的新年充满快乐和成功!	May your New Year be filled with joy and success!
新年快乐,愿你实现所有梦想!	Happy New Year! May all your dreams come true!
祝你新年快乐,家庭幸福美满!	Wishing you a Happy New Year and a joyful family!
愿你新的一年好运常伴!	May good fortune be with you in the new year!

中文	英语
祝你在新年里充满爱与欢笑！	Wishing you a year filled with love and laughter!
新年快乐，愿你事业蒸蒸日上！	Happy New Year! May your career soar to new heights!
祝你在新的一年里一切顺利！	Wishing you a smooth and successful New Year!

接下来介绍的是如何去控制文案的标题，例如现在需要写一篇公文，那么每一个标题都需要符合公文的规范。

用户：
请你帮我写一个主题为"社区建设"的文章大纲，格式要求是：每一个段落的标题都需要有成语，同时上下文工整对仗。

AI：
当然可以！以下是关于"社区建设"的文章大纲，每个段落标题都使用了成语，并确保上下文工整对仗。

一、和谐共处：融洽社区关系
- 社区文化的构建：讨论如何通过社区活动、文化交流和节日庆典等方式，促进居民之间的互动与理解，营造和谐的社区氛围。
- 居民参与的激励：探讨激励居民参与社区建设的策略，包括提供参与机会、表彰积极贡献者以及鼓励志愿服务等。

二、齐心协力：共同推动发展
- 建设共享设施：描述如何规划和建设社区共享设施，例如公共花园、健身中心和图书馆，以满足居民的共同需求。
- 合作项目的实施：介绍社区合作项目的案例，如社区绿化、环保活动以及文化展览，强调团结合作的效果。

三、安居乐业：提升生活品质
- 基础设施的完善：论述基础设施建设的关键，包括道路修缮、公共交通和安全设施，提升居民的生活便利性。
- 社区服务的优化：探讨如何通过提升社区服务质量，如医疗、教育和公共安全，增强居民的幸福感和安全感。

四、持之以恒：持续改进优化
- 反馈机制的建立：强调建立有效的居民反馈机制，确保社区管理者能够及时了解并解决居民的需求和问题。
- 长期规划的实施：讨论社区发展长期规划的重要性，包括定期评估和调整策略，以确保社区建设的可持续发展。

这个大纲涵盖了社区建设的关键方面，通过成语标题使文章结构更加生动和有趣。如果需要进一步细化或调整，请随时告诉我！

2.7.3 活学活用

你的朋友小明需要策划一个公司团建活动,并需要一份详细的计划清单。原始信息包括:团建时间、地点、预计人数、食物和饮料、娱乐活动等。请你利用AI工具帮帮他。

2.8 模拟人与人之间的对话:让 AI 使用更丝滑

2.8.1 背景

在与AI互动时,让对话流畅自然,仿佛与真人交流一样,可以提高用户体验。通过模拟人与人之间的对话,AI能够更加自然地理解和回应用户需求,从而提供更贴心、精准的帮助。

2.8.2 公式

万能公式的结构为:赋予角色(选填)+背景或现状+目的或需求+输出要求+补充内容(选填)

- 赋予角色:请你扮演(目标角色)和我对话。
- 背景或现状:这个角色的特点是(描述角色特点、讲话风格)。
- 目的或需求:你需要以自然的对话方式,回答用户的问题,并提供帮助和引导进一步的对话。
- 输出要求:确保对话流畅自然,回答一次只能说一句话;开头的第一句话是"你好!"

用户:
请你扮演历史学家和我对话,这个角色的特点是:用文言文说话,你需要以自然的对话方式,回答用户的问题,并提供帮助,确保对话流畅自然,涵盖所有用户的问题,并给予有用的建议。回答一次只能说一句话;开头的第一句话是"你好!"

AI:
你好!请问汝有何历史之事欲探讨?

用户:
你了解李白吗?

AI:
李白者,唐之伟大诗人也,号青莲居士,豪放之才,诗作流传千古。汝欲知何事乎?

用户:
你了解《静夜思》这首诗吗?

AI：
　　《静夜思》者，李白之名篇也，描绘月下静夜之景，抒发乡愁之情，清幽隽永，极具传世之韵。汝欲讨论何点？

用户：
你认为他还有什么好诗吗？

AI：
　　李白之诗作甚多，如《将进酒》豪放激昂，《庐山谣》山水奇崛，《夜泊牛渚怀古》则怀古抒怀，皆为传世之佳作。汝欲细探何篇？

　　所以，AI可以作为你生活中的一个资源，无论是历史人物还是未来的虚拟角色，都可以为你提供帮助。例如，你可以将AI作为面试官，或者作为心理咨询师来解决生活中的困扰。大家可以发挥想象力，探索AI在各个领域的应用潜力。

2.8.3　活学活用

　　试试让AI扮演你喜欢的明星、历史人物或者当代名人和你对话吧！

第 3 章

办公助手：用 AI 提高职场竞争力

本章探讨如何通过 AI 技术提升职场效率和竞争力。涵盖了 AI 在会议纪要、工作汇报、PPT 生成、Excel 数据处理等 14 种办公场景中的应用，旨在帮助读者高效完成各类任务，提升职场专业能力。

3.1 总结会议纪要：高效捕捉重点

3.1.1 背景

AI大语言模型具备文案概括、文本提取和总结结构化内容的能力，显著提高了我们处理大量文字的效率。在日常工作中，处理和整理会议纪要是一个高频且耗时的任务。通过利用AI技术，我们可以提升会议纪要的记录效率和质量，从而减轻工作负担。

3.1.2 公式

万能公式的结构为：赋予角色（选填）+背景或现状+目的或需求+输出要求（选填）+补充内容（选填）

- 赋予角色：请你扮演秘书/会议纪要撰写专家。
- 背景或现状：本次会议讨论了（会议主题）。
- 目的或需求：需要总结会议的关键点、决策和待办事项，要求简洁明了。
- 输出要求：将待办事项以（表格）形式回答（表头可以是：序号、待办分类、负责人、截止时间、落实事项）。
- 补充内容：以下是会议内容（会议内容）。

> **用户：**
>
> 请你扮演秘书/会议纪要撰写专家，本次会议讨论了公司未来的AI战略计划，需要总结会议的关键点、决策和待办事项。以下是会议内容。
>
> 日期：2024年6月16日
>
> 时间：下午2:00—4:00
>
> 会议室：总部大会议室
>
> 主持人：李明，首席运营官
>
> 参会人员：张伟、王丽娜、刘芳、赵鹏
>
> 会议主题：AI技术的发展与传统广告行业的融合
>
> 会议对话内容：
>
> 李明：各位，今天我们讨论的主题是AI技术的发展以及我们传统广告行业如何跟上这个趋势。
>
> （此处省略具体会议对话内容）
>
> 李明：好的，今天的会议非常有成效。感谢大家的积极参与。我们会在下周的例会上进一步讨论具体的实施方案。

> **AI：**
>
> **会议纪要**
>
> 会议主题：AI技术的发展与传统广告行业的融合
>
> 会议日期：2024年6月16日
>
> 会议时间：下午2:00—4:00

会议室：总部大会议室
主持人：李明
参会人员：张伟、王丽娜、刘芳、赵鹏

关键点：
- AI在市场分析和客户预测中的重要性。
- 个性化广告投放以提高转化率。
- 机器学习在市场趋势分析中的应用。
- AI在客户服务和需求理解中的作用。
- AI创意与人类创意的结合。

决策：
- 建立AI研发团队，探索广告应用。
- 从试点项目开始，逐步应用AI技术。
- 组织员工培训，提升AI技术应用能力。

待办事项：
- 制订AI应用实施计划。
- 确定试点项目。
- 安排培训课程。

由此可见，AI在会议纪要撰写中的优势显而易见，它能够高效概括、提取关键信息并进行结构化总结，显著提升了处理大量文字的效率。同时也确保了信息传递的准确性和全面性，避免了可能的遗漏和误解，使读者能够清晰理解会议讨论的重点和后续行动计划。

AI还能根据用户需求生成结果，如调整会议纪要的详细程度、格式和内容风格。这种定制能力进一步提升了会议纪要在各种使用场景下的适用性和效果。

用户：
请你扮演秘书/会议纪要撰写专家，本次会议讨论了公司未来的AI战略计划，需要总结会议的关键点、决策和待办事项。将待办事项以表格的形式回答（表头分别是：序号、待办分类、负责人、截止时间、落实事项）。

AI：

会议纪要

会议主题：AI技术的发展与传统广告行业的融合
会议日期：2024年6月16日
会议时间：下午2:00—4:00
会议室：总部大会议室
主持人：李明
参会人员：张伟、王丽娜、刘芳、赵鹏

关键点：
1. 确定AI技术在广告策略中的核心作用。
2. 讨论AI技术在精准广告投放、市场分析、客户服务和创意生成中的应用。

决策：
1. 建立AI研发团队，推进技术在广告领域的应用。
2. 从试点项目开始实施AI技术。
3. 组织员工培训，提升AI技术应用能力。

待办事项：

序号	待办分类	负责人	截止时间	落实事项
1	实施计划制定	李明	2024-06-23	制定AI技术应用的详细实施计划
2	试点项目确定	王丽娜	2024-06-23	确定试点项目范围和目标
3	员工培训安排	刘芳	2024-06-23	安排员工培训课程，邀请专家讲解AI技术
4	技术研发跟进	陈建国	2024-07-01	跟进AI研发团队的进展和成果
5	创意与AI结合探索	赵鹏	2024-06-30	探索AI创意与人类创意结合的方法

会议总结：
1. 会议达成共识，AI技术将作为公司广告战略的核心。
2. 确定了初步的行动计划和责任分配。

3.1.3 活学活用

小明是一位新媒体文案编辑，每天都要看大量新闻，请你帮他设计一个用于整理新闻摘要的公式。

3.2 AI撰写工作汇报：轻松提升质量

3.2.1 背景

撰写工作汇报通常耗时费力，要求结构清晰、逻辑严谨，而且需要准确提炼关键信息。而AI在这方面展现了强大的优势，能够快速生成结构严谨的报告，自动提取关键信息，大大减少人工撰写的时间和精力，从而显著提高工作汇报的质量和效率，让工作汇报变得更轻松。

3.2.2 公式

万能公式的结构为：赋予角色（选填）+背景或现状+目的或需求+输出要求（选填）+补充内容（选填）

- 赋予角色：请你扮演一位有经验的职场人士。
- 背景或现状：每周都要写工作汇报。
- 目的或需求：现在需要你撰写一份工作汇报，接收并筛选我输入的周报信息，然后将其精简、排版后输出结构化的周报（包含概述、详细内容、下周计划、其他等内容）。
- 输出要求：周报的阅读对象是（面向人群），请注意周报的措辞和语气。
- 补充内容：以下是我本周的工作内容：（工作内容）。

> **用户：**
> 请你扮演一位有经验的职场人士，每周都要写工作汇报，现在需要你撰写一份工作汇报，接收并筛选我输入的周报信息，然后将其精简、排版后输出结构化的周报（包含概述、详细内容、下周计划、其他等内容），周报的阅读对象是领导，请注意周报的措辞和语气。
> 以下是我本周的工作内容。
> 我主要负责了公司财务报表的审计工作，确保了所有工作的准确性和合规性。接着，我忙于处理了一堆发票和收据，确保了所有支出都有据可查。另外，我参与了一个关于成本控制的会议，讨论了如何进一步降低运营成本。最后，我完成了对下个月预算的初步编制，预计销售额将达到1200万元，成本控制在800万元左右，以确保我们的利润率。当然，这周也没少和银行打交道，处理了一些贷款和信用证的事宜。

> **AI：**
> 工作周报
>
> **一、概述**
> 本周，我主要聚焦于公司财务报表的审计工作，确保财务数据的准确性和合规性。同时，我处理了日常发票和收据，参与了成本控制会议，并完成了下个月预算的初步编制。此外，我还与银行进行了紧密沟通，处理了贷款和信用证的相关事宜。
>
> **二、详细内容**
> 1. 财务报表审计
>   - 对公司财务报表进行了全面审计，核对了各项财务数据，确保所有数字的准确性和合规性。
>   - 识别并修正了财务报表中的潜在错误和疏漏，提高了财务信息的可靠性。
> 2. 发票与收据处理
>   - 处理了本周出现的发票和收据，确保了所有支出都有据可查，为公司的财务管理提供了有力支持。
>   - 对部分有疑问的发票进行了进一步核实，避免了不必要的财务风险。
> 3. 成本控制会议
>   - 参与了关于成本控制的会议，与团队成员共同讨论了降低运营成本的有效策略。
>   - 提出了多项具有可行性的建议，得到了团队成员的认可和支持。
> 4. 预算编制
>   - 完成了下个月预算的初步编制，预计销售额将达到1200万元，成本控制在800万元左右。
>   - 通过合理的预算编制，确保公司能够保持较高的利润率，为公司的稳健发展提供有力保障。
> 5. 银行事务处理
>   - 与银行进行了紧密沟通，处理了贷款和信用证的相关事宜。
>   - 确保了公司资金的安全性和流动性，为公司的正常运营提供了有力支持。

> 三、下周计划
> 1. 继续跟进财务报表的审计工作，确保所有财务数据准确无误。
> 2. 进一步细化预算编制，确保预算的准确性和可执行性。
> 3. 与银行保持密切沟通，确保公司资金的安全性和流动性。
> 4. 参与其他相关会议，为公司的发展提供有益的建议和支持。
>
> 四、其他
> 本周工作中，我深刻感受到了团队协作的重要性。在未来的工作中，我将继续与团队成员保持紧密沟通，共同为公司的发展贡献力量。同时，我也将不断提升自己的专业能力，为公司创造更大的价值。

因此，通过简单地描述你的日常工作内容，AI就可以轻松生成一份结构完整的工作汇报。不仅包括概述和详细内容的分点总结，还能包括未来一周的工作计划。因此，AI在这方面的优势显而易见。

3.2.3 活学活用

试试让AI帮你写一份上周的工作汇报吧！

3.3 AI 撰写电子邮件：提升沟通效率

3.3.1 背景

工作中，电子邮件是不可或缺的沟通方式。面对繁忙的邮件往来和不同的沟通任务，很多人感到开头难、语言障碍和沟通压力等情况。而AI能根据你的要求快速生成清晰、准确的邮件内容，节省写邮件的时间和精力。同时，还确保了语言风格和信息传递的准确性。

3.3.2 公式

万能公式的结构为：赋予角色（选填）+背景或现状+目的或需求+输出要求（选填）+补充内容（选填）

- 赋予角色：假如你现在是（写邮件的身份）。
- 背景或现状：写邮件的背景补充。
- 目的或需求：请你写一封电子邮件。
- 输出要求：邮件的语气需要亲和而尊重，保持简洁明了，字数限制在×××个字。

> **用户：**
> 假如你现在是一家公司的秘书。当今，AI 技术的迅猛发展正对公司产生巨大的影响，许多公司都在积极采用这项技术。因此，我们计划组织一次重要的 AI 培训，以确保我们的团队跟上最新的趋势和技术。
> 现在需要通知所有同事参加本周三下午的 AI 培训。请你帮我写一封邮件，关于会议通知。邮件的语气需要亲和且尊重，保持简洁明了，字数限制在 200~250 个字。

AI：

主题：本周三下午 AI 技术培训通知

亲爱的同事们！

随着 AI 技术的快速发展，我们公司也在积极拥抱这一变革。为了确保我们的团队能够紧跟最新趋势，我们特别组织了一次 AI 技术培训。

培训时间：本周三下午 2:00—4:00

培训地点：公司大会议室

培训内容：AI 技术的最新进展及其在业务中的应用

请各位同事务必参加，这将是一次提升自我、增强团队竞争力的宝贵机会。我们期待你的积极参与！如有任何疑问，请随时联系我。

祝工作愉快！

[你的姓名]

[你的职位]

[公司名称]

由此可见，只需简要描述你的邮件需求，AI就能帮你快速撰写一封实用性强的邮件。而且写作风格清晰且逻辑严谨。另外，如果你遇到需要多语言翻译邮件，也可以在原有基础上进一步补充。

用户：

假如你现在是一家公司的 CEO。当今，AI 技术的迅猛发展正对公司产生巨大的影响，许多公司都在积极采用这项技术。因此，我们计划组织国际 AI 研讨会。请你帮我写两封邮件，邮件的语气需要亲和且尊重，分别用英语写给美国分公司负责人 Lisa 和西班牙分公司负责人 Jack。

AI：

Certainly! Here are the emails in a friendly yet respectful tone:

Email to Lisa, Head of the US Branch:

Subject: Invitation to International AI Symposium

Dear Lisa,

I hope this email finds you well. As we navigate the transformative landscape of AI technology, I'm excited to share that our company is planning to host an International AI Symposium. Given your leadership and expertise, your insights would be invaluable to this event.

The symposium aims to bring together thought leaders from various sectors to explore the profound impacts of AI on businesses today. Your participation would not only enrich the discussions but also contribute significantly to our collective understanding of this rapidly evolving field.

I look forward to your positive response and the opportunity to collaborate with you on this initiative.

Warm regards,

[Your Full Name]

> CEO, [Your Company Name]
> ---
> Email to Jack, Head of the Spain Branch:
> Subject: Invitación a Simposio Internacional sobre IA
> Estimado Jack,
> Espero que este correo te encuentre bien. En el contexto del rápido desarrollo de la tecnología de inteligencia artificial, me complace informarte que nuestra empresa está organizando un Simposio Internacional sobre IA. Dada tu experiencia y liderazgo, tu participación sería de gran valor para este evento.
> El objetivo del simposio es reunir a líderes de opinión de diversos sectores para explorar los impactos profundos de la IA en las empresas actualmente. Tu contribución no solo enriquecería las discusiones, sino que también sería fundamental para nuestra comprensión colectiva de este campo en constante evolución.
> Espero tu respuesta positiva y la oportunidad de colaborar contigo en esta iniciativa.
> Un cordial saludo,
> [Your Full Name]
> CEO, [Your Company Name]

3.3.3 活学活用

假如你现在需要帮助公司催缴欠款，对方去年在我们公司购入了硬件设备，项目总额100万元，但目前只支付了20万元，已经拖欠了6个月，要提醒他尽快支付尾款。让AI帮助你撰写一份邮件。

3.4 · AI 整理繁杂资料：快速找到所需信息

3.4.1 背景

无论你是在职场需要阅读大量文件，还是作为学生需要研究论文和资料，往往需要花费大量时间来查找和整理关键信息。AI能够快速准确地整理和分类大量资料，帮助你迅速找到所需信息，同时还能让AI帮你解读资料的内容。

3.4.2 解析

在当今信息时代，高效利用AI工具已成为提升工作效率的关键。例如，使用ChatGPT、文心一言、KimiChat等带有文件功能的AI工具，可以轻松上传需要分析的报告或资料。随后，通过输入精准的AI提示词，这些智能工具便能迅速生成相关回答，为我们提供有价值的参考。更为强大的是，这些AI工具还具备上下文提问能力，意味着我们可以根据生成的回答进一步深入询问，从而获得更加全面、细致的解答。这种交互式的使用方式，不仅提升了我们处理信息的效率,也为我们带来了更加便捷、智能的工作体验。

3.4.3 步骤详解

01 打开Kimi网站首页。

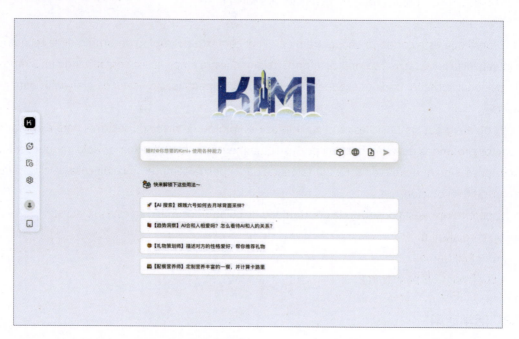

02 单击"文件"按钮,上传需要整理的文件。

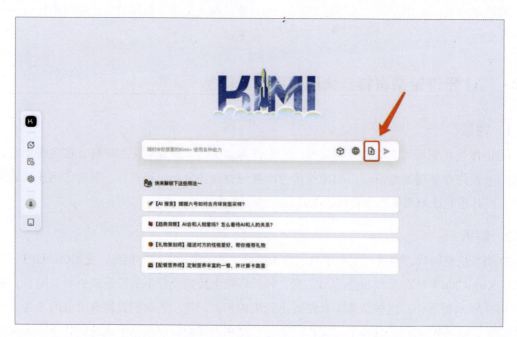

03 输入提示词(提示词:请你详细解析这个文件写了什么)。

第 3 章 办公助手：用 AI 提高职场竞争力

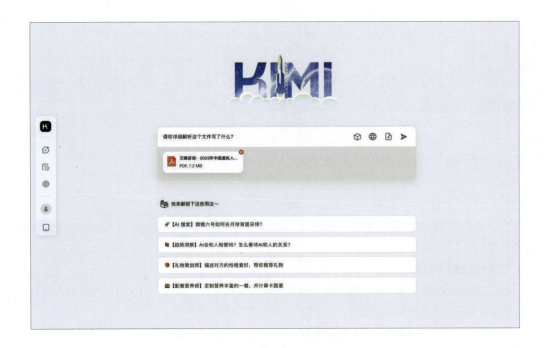

> **用户：**
> 请你详细解析这个文件写了什么？

AI：

这份文件是一份关于中国虚拟人产业发展与商业趋势的研究报告，由艾媒咨询发布。报告主要内容包括：

1. 虚拟偶像类型：报告提到了3种类型的虚拟偶像，包括二次元型、数字孪生型和超写实型。
2. 虚拟偶像发展时间线：报告概述了虚拟偶像的发展历程，从2012年开始，经历了2013—2015年的初期发展，2016—2019年的进一步发展，以及2020年至今的成熟期。
3. Luya虚拟偶像案例：介绍了Luya虚拟偶像的"出道"和音乐代表作，以及与B站动漫UP主的合作，打造爆款内容。
4. 度晓晓虚拟偶像案例：介绍了度晓晓虚拟偶像的角色设定、更新频次、制作周期、内容时长和植入方式，以及其作为百科硬核科普官的角色定位。
5. 虚拟人商业应用：报告提到了虚拟人在不同行业的应用，包括房地产、游戏、汽车、影视、传媒、文旅、银行和证券等。
6. 市场接受度：报告提供了关于消费者对虚拟人的态度的统计数据，包括接触过虚拟人的用户比例，以及对虚拟人十分看好、持中立态度或不太看好的用户比例。
7. 虚拟人行业应用案例：报告列举了虚拟人在不同领域的应用案例，如虚拟客服、虚拟助手、虚拟顾问和虚拟导游。
8. 报告来源和分发信息：报告由小马财经分发，供内部学习使用，并提供了加入小马财经微信群的方式，以便获取更多资讯。
9. 艾媒咨询介绍：报告最后提到了艾媒咨询作为全球新经济产业第三方数据挖掘与分析机构的市

　　　　场地位。
　　　　……

通过这个方法，我们就能用简短的一句话快速总结一份长达74页的报告内容，极大地提升了我们阅读资料的效率。接下来你就可以进一步地向AI提问。

用户：
请问这三种虚拟偶像类型的特点是什么？请你详细说明。

AI：
文件中提到的3种虚拟偶像类型分别是二次元型、数字孪生型和超写实型。下面是对这三种类型的简要特点说明。

1. **二次元型虚拟偶像**
   - 二次元通常指的是动漫、漫画等平面媒体中的虚构世界，因此，二次元型虚拟偶像具有动漫或漫画风格的外貌和特征。
   - 它们往往拥有鲜明的个性和故事背景，能够吸引特定的粉丝群体。
   - 二次元虚拟偶像可以通过动画、漫画、游戏等形式与粉丝互动。

2. **数字孪生型虚拟偶像**
   - 数字孪生是指创建一个物理实体的虚拟副本，用于模拟、分析和优化实体的性能。
   - 对于虚拟偶像来说，数字孪生型可能意味着它们是基于现实人物或角色的虚拟副本，具有高度的个性化和真实感。
   - 它们可能用于模拟现实世界中的表演或活动，提供一种新的互动体验。

3. **超写实型虚拟偶像**
   - 超写实型虚拟偶像追求高度逼真的外观和行为，使用高级的图形渲染技术和动画技术来模拟真实人类的外貌和动作。
   - 这类偶像可能用于高端的广告、电影、电视或其他视觉媒体中，以提供极其逼真的视觉体验。
   - 超写实型虚拟偶像能够展现出接近真人的细节，包括皮肤纹理、面部表情和身体动作。

每种类型的虚拟偶像都有其特定的应用场景和目标受众。二次元型偶像可能更受动漫爱好者的欢迎，数字孪生型偶像可能用于特定的模拟和分析，而超写实型偶像则可能在需要高度逼真视觉效果的场合中使用。不过，具体的应用和特点可能会随着技术的发展和市场的需求而变化。

因此，你可以根据个人需求，利用AI进行深入提问。这种方式不仅能够高效优化资料阅读，还能节省大量查阅报告的时间。

3.4.4 活学活用

试试让AI帮你阅读一份阅读报告吧！

3.5 AI 生成 PPT：打造专业演示文稿

3.5.1 背景

许多人面对烦琐的PPT制作过程，常常受制于复杂的排版和需要深入解析报告内容的挑战。而AI带来了新的解决方案。它能够根据用户提供的内容和主题快速生成高质量的PPT，显著节省制作时间。同时用户可以便捷地根据需要进行调整，使PPT更加专业和引人注目。

3.5.2 解析

利用AI技术，我们可以高效地生成PPT大纲，从而提升演示文稿的制作效率和质量。目前市场上有多种AI工具可以帮助我们完成这项任务，例如WPS、AiPPT、Mindshow、博思白板和Gamma等。这些工具通过智能分析和理解用户的需求，能够快速生成结构化的PPT大纲，包括标题、子标题和关键点。此外，AI还能对PPT内容进行润色，优化语言表述，确保信息传达的准确性和吸引力。通过AI的辅助，我们可以更加专注于内容的创意和深度，而将烦琐的排版和编辑工作交给AI，从而制作出既专业又具有吸引力的PPT。

3.5.3 步骤详解

01 打开AiPPT官网主页，单击"开始智能生成"按钮。

02 进入新页面后，单击"AI智能生成"或"导入本地大纲"按钮。

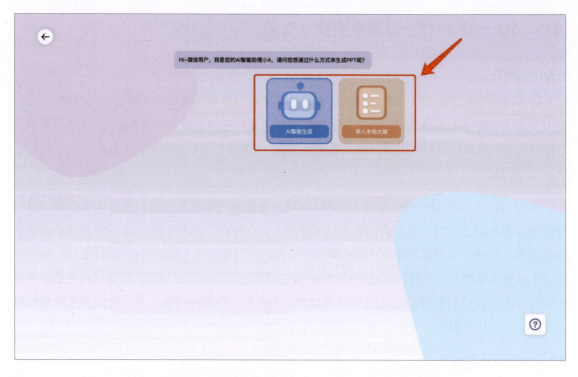

03 输入PPT内容主题,然后单击"发送"按钮。

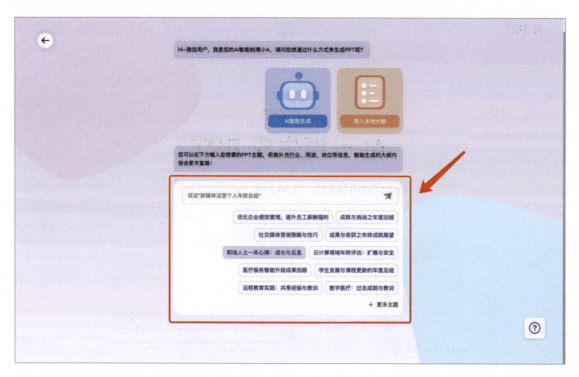

04 接着AI会生成一个完整的大纲。如果不满意,可以单击"换个大纲"按钮。若没问题则直接单击"挑选PPT模板"按钮。

第 3 章 办公助手：用 AI 提高职场竞争力

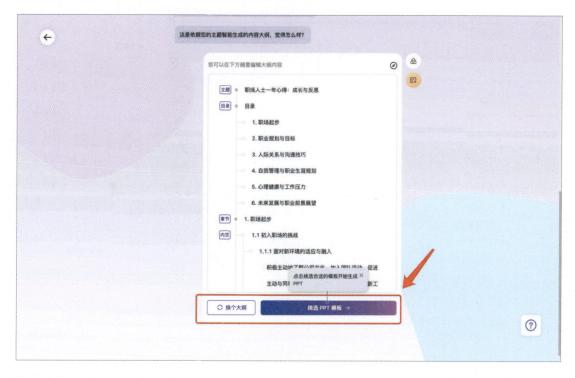

05 选择好模板后，单击"生成PPT"按钮。

06 等待几分钟，20页的PPT就生成好了。可以单击"下载"按钮一键导出，或者单击"去编辑"按钮进一步编辑优化。

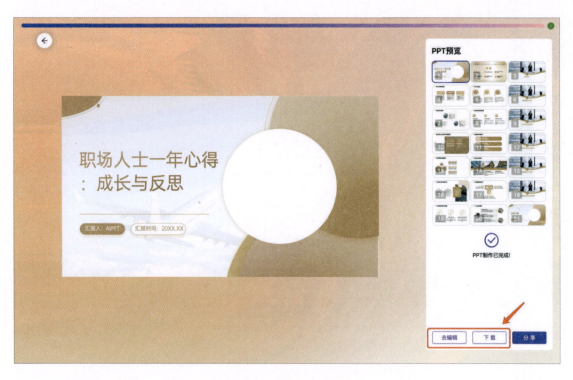

07 进入"编辑"页面,即可用AI功能进一步优化PPT内容。

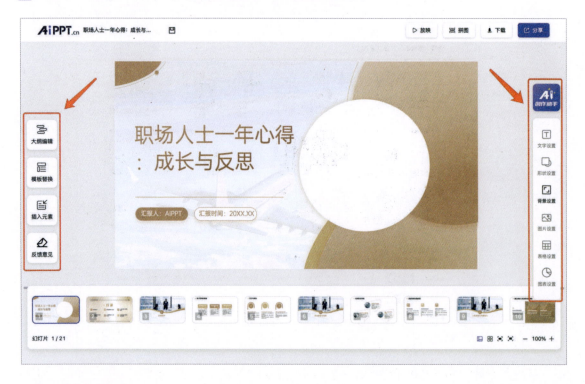

3.5.4 活学活用

现在老板需要一份AI工具商业计划PPT并汇报给投资人,请你利用AI工具帮他完成。

3.6 AI 处理 Excel 数据：简化数据分析

3.6.1 背景

处理大量Excel数据是必不可少的日常任务，但面对复杂的表格和烦琐的分析过程常令人感到耗时且易出错。AI技术为此提供了解决方案，能快速准确地分析数据，生成可视化结果，显著提升数据分析效率和准确性。

此外，AI还能帮助用户理解Excel公式的使用方法，并支持生成图表，满足日常工作中的数据分析需求。

3.6.2 公式

万能公式的结构为：赋予角色（选填）+背景或现状+目的或需求+输出要求（选填）+补充内容（选填）

- 赋予角色：作为一名 Excel 公式专家，你的任务是提供高级的 Excel 公式，以执行用户描述的复杂计算或数据操作。
- 背景或现状：Excel表格内容（第一列、第二列、第三列等）。
- 目的或需求：Excel处理要求，生成公式、生成回答等（如你的任务是提供高级的 Excel 公式，以执行我描述的复杂计算或数据操作）。
- 输出要求：请你用Excel表格格式回答。
- 补充内容：Excel表格文件。

用户：
你作为一名 Excel 公式专家，现在我提供包含销售数据的表格，其中 A 列是销售人员的姓名，B 列是产品类别，C 列是销售金额，D 列是销售日期。请你计算每个销售人员的总销售额，但仅针对 6 月份发生的"电子产品"类别的销售。以下是表格内容。

A列（销售人员姓名）	B列（产品类别）	C列（销售金额）	D列（销售日期）
张三	电子产品	5000元	2024-06-01
李四	家用电器	3000元	2024-06-02
王五	服装	2000元	2024-06-03
赵六	食品	1500元	2024-06-04
陈七	家用电器	3500元	2024-06-05
周八	电子产品	6000元	2024-06-06
吴九	服装	2500元	2024-06-07
郑十	食品	1800元	2024-06-08

AI：

要计算每个销售人员在6月份针对"电子产品"类别的总销售额，我们可以使用 Excel 中的 'SUMIFS' 函数。这个函数可以根据多个条件来求和。以下是计算的步骤和公式。

1. 我们需要确定销售日期是在6月份。Excel中的日期格式通常是'YYYY-MM-DD'，因此，可以从日期中提取月份，然后与数字6进行比较。
2. 我们需要确保产品类别是"电子产品"。
3. 我们将根据这些条件对销售金额进行求和。

假设你的数据从第 2 行开始，并且销售人员的姓名在 A 列，产品类别在 B 列，销售金额在 C 列，销售日期在 D 列。我们可以在一个新的列（例如 E 列）中使用以下公式来计算每个销售人员的 6 月份电子产品类别的总销售额：

```excel
=SUMIFS(C:C, B:B, "电子产品", MONTH(D:D), 6)
```

这个公式的意思是：在 C 列中求和，条件是 B 列中的值是"电子产品"，并且 D 列中的月份是 6。

请注意，这个公式假设你的数据从第 2 行开始，如果你的数据从其他行开始，你需要调整公式中的范围以匹配你的数据。

如果需要为每个销售人员单独计算，可以将上述公式放入 E 列的每个销售人员对应的行中，然后拖动填充控制柄向下填充，以应用到所有销售人员。

例如，如果张三的数据在第 2 行，可以在 E2 单元格中输入上述公式，然后拖动 E2 单元格的右下角控制柄以填充到其他行，为每个销售人员计算总销售额。

由此可见，即使对数据处理公式一无所知，只要清晰地描述表格内容，并将相关内容复制给AI，就能让AI帮你处理数据。AI不仅能生成数据处理公式，还能一键处理数据。另一种方法是直接将表格上传给AI进行处理。

3.6.3 解析

在当今信息爆炸的时代，选择合适的AI工具对于提高工作效率至关重要。以ChatGPT、文心一言、KimiChat等为代表的AI工具，它们不仅具备强大的文件处理功能，还能帮助用户更高效地完成任务。用户只需将需要分析的表格上传到这些AI工具中，它们便能迅速识别和处理文件内容。此外，通过输入特定的AI提示词，用户可以得到有针对性的回答，满足个性化的信息需求。更值得一提的是，这些AI工具还具备上下文提问能力，这意味着用户可以进一步询问AI，获取更深入的解答和分析。这种交互式的问答体验，使AI工具不仅是一个简单的数据处理机器，更是一个能够提供深度洞察和解决方案的智能助手。

3.6.4 步骤详解

01 打开Kimi官网主页。

02　单击"文件"按钮,上传文件。

03　输入提示词(提示词:你作为一名 Excel 公式专家,请你计算每个销售人员的总销售额,但仅针对 6 月份发生的"电子产品"类别的销售,同时请你进行数据分析)。

用户：

请你详细解析这个文件写了什么？

AI：

根据提供的文件内容，我们可以看到有两位销售人员在6月份销售了"电子产品"类别的商品，分别是张三和周八。张三的销售额为5000元，周八的销售额为6000元。

首先，我们计算这两位销售人员的"电子产品"类别的总销售额：

电子产品总销售额 = 5000 + 6000

接下来，我将使用内置的 calculator 工具来计算这个总和。

请稍等，我将进行计算。

经过计算，6月份"电子产品"类别的总销售额为11000元。

接下来，我们可以进行一些数据分析。

1. 销售金额分布：我们可以看到张三和周八的销售额分别为5000元和6000元，周八的销售额高于张三，这可能表明周八在销售电子产品方面表现更好。
2. 销售趋势：虽然数据点较少，但我们可以观察到电子产品的销售金额在6月6日有一个显著的增长，这可能表明那天有特别的促销活动或市场需求增加。
3. 销售人员表现：周八在电子产品类别的销售中表现突出，销售额是张三的1.2倍，这可能表明周八在销售策略或客户关系管理方面更为优秀。
4. 市场潜力分析：由于电子产品类别的销售额占比较高，这可能表明电子产品在市场上有较大的需求和潜力，公司可以考虑进一步扩大这一领域的市场推广和产品线。
5. 时间因素：销售记录显示，电子产品的销售主要集中在6月初，这可能与月初的市场需求或促销活动有关。

这些分析可以帮助公司更好地理解市场动态，优化销售策略，并提高销售效率。

3.6.5 活学活用

小明作为财务师,需要计算本月的水果销量。步骤如下。

01 AI生成一个包含水果、食物等的销售数据表格。

02 应用上面提供的AI方法处理这个表格,以获得准确的销售统计数据。

3.7 AI优化简历:突出个人优势

3.7.1 背景

对于许多求职者来说,撰写和优化简历是一项关键但常感到困难的任务。传统上,制作简历需要花费大量时间和精力,同时也需要具备一定的文书写作和设计能力。然而AI可以根据用户提供的信息,自动生成和优化简历,突出个人的核心优势和特长,使简历更加吸引人和专业化。这不仅节省了时间,还提高了简历的质量和效果,帮助求职者在竞争激烈的市场中脱颖而出。

3.7.2 公式

万能公式的结构为:赋予角色(选填)+背景或现状+目的或需求+输出要求+补充内容(选填)

- 赋予角色:假如你是经验丰富的HR和职业规划师。
- 背景或现状:现在我要面试的岗位是(岗位名称)。
- 目的或需求:请你根据我提供的个人背景帮我撰写简历。
- 输出要求:用数字量化我的工作成果,可以用(数字)代替;使用SWOT方法分析我的工作经历并写在简历中,越详细越好,可以适当扩写内容;简历内容要和我的岗位相关,用上一些专业词汇。
- 补充内容:以下是我的个人信息(个人背景信息)。
- 信息补充:在简历中使用"SWOT方法"指的是通过分析个人的优势、劣势、机会和威胁,来展示我的核心竞争力和适应能力。

用户:

假如你是经验丰富的人力资源经理和职业规划师,现在我要面试的岗位是前端工程师,请你根据我提供的个人背景帮我撰写简历,输出要求:

1. 用数字量化我的工作成果,可以用(数字)代替。
2. 使用 SWOT 方法分析我的工作经历并写在简历中,越详细越好,可以适当扩写内容。
3. 简历内容要和我的岗位相关,用上一些专业词汇。

以下是我的个人信息:

张三;男;出生日期:1998年5月20日;籍贯:江苏省南京市;电话:13800138000;邮箱:zhang-san@example.com;最高学历:本科;毕业院校:南京大学;专业:计算机科学与技术;入学年份:2016年;

毕业年份：2020年。
实习经历：
1. 在百度在线网络技术（北京）有限公司，担任软件开发实习生，2019年7月—2019年9月，参与软件开发项目，负责编写和测试代码，参与团队讨论和项目规划。
2. 在阿里巴巴集团，担任前端开发实习生，2018年1月—2018年3月，负责公司网站前端开发，使用HTML、CSS和JavaScript进行页面设计和功能实现。
技能：
编程语言：熟练掌握Java、Python，了解C++和JavaScript；数据库：熟悉MySQL、MongoDB；开发工具：熟练使用Visual Studio Code、Eclipse、Git。
获奖经历：
2018年获得全国大学生程序设计竞赛省级一等奖，2019年获得校级优秀学生奖学金。

AI：

张三的简历

个人信息
- 姓名：张三
- 性别：男
- 出生日期：1998年5月20日
- 籍贯：江苏省南京市
- 联系方式：
  » 电话：13800138000
  » 邮箱：zhangsan@example.com

教育背景
- 最高学历：本科
- 毕业院校：南京大学
- 专业：计算机科学与技术
- 入学年份：2016年
- 毕业年份：2020年

实习经历
- 百度在线网络技术（北京）有限公司

软件开发实习生 | 2019年7月—2019年9月

参与软件开发项目，负责编写和测试代码，参与团队讨论和项目规划，成功交付项目代码，提升了团队开发效率 [20%]。

- 阿里巴巴集团

前端开发实习生 | 2018年1月—2018年3月

负责公司网站前端开发，使用HTML、CSS和JavaScript进行页面设计和功能实现，优化页面加载时间 [30%]，提升用户体验。

技能
- 编程语言：熟练掌握Java、Python，了解C++和JavaScript。
- 数据库：熟悉MySQL、MongoDB。
- 开发工具：熟练使用Visual Studio Code、Eclipse、Git。

获奖经历
- 2018年获得全国大学生程序设计竞赛省级一等奖。
- 2019年获得校级优秀学生奖学金。

由此可见，只需输入你的个人信息，让AI帮助你快速创建一份逻辑清晰的简历，帮助初入职场或刚毕业的大学生迅速完成一份初始简历。

3.7.3 活学活用

试试告诉AI你的个人信息，让它帮你写一份简历。

3.8 AI 模拟面试：提前预判面试内容

3.8.1 背景

相信大家都有过面试的经历，面试是得到理想职位的关键一步，但面对各种面试问题，往往感到困惑和压力。传统的准备方式可能效果有限，需要大量时间和经验积累。

但通过AI海量的训练数据，可以模拟各种行业的面试过程，提前预测可能的面试内容，并针对性地提供答题建议和反馈。不仅能够增强求职者的自信心和应对能力，还能提高面试的成功率和效率，为求职者赢得宝贵的就业机会。

3.8.2 公式

万能公式的结构为：赋予角色（选填）+背景或现状+目的或需求+输出要求+补充内容（选填）

- 赋予角色：请你扮演一位经验丰富的面试官。
- 背景或现状：我现在要面试一家（行业名称）行业的公司，岗位是（岗位名称）。
- 目的或需求：请你生成一系列深思熟虑的开放式面试问题，旨在引出应聘者深入而详细的回答，让他们展示自己的知识、经验和批判性思维能力。
- 输出要求：避免是/否问题或那些有明显答案的问题；关注鼓励反思、自我评估并分享具体例子或轶事的问题；需要真实感强，一个问题一个问题地提问，不要连续提问。

> **用户：**
> 请你扮演一位经验丰富的面试官，我现在要面试一家互联网行业的公司，岗位是新媒体运营人员。请你生成一系列深思熟虑的开放式面试问题，旨在引出应聘者深入而详细的回答，让他们展示自己的知识、经验和批判性思维能力。

输出要求：
1. 避免是/否问题或那些有明显答案的问题。
2. 关注鼓励反思、自我评估并分享具体例子或轶事的问题。

AI：

当然，作为一位经验丰富的面试官，我会设计一些开放式问题来评估应聘者的新媒体运营能力。以下是一些面试问题。

1. 请谈谈你以往在新媒体运营方面的经验，你认为哪些策略或方法对提高用户参与度最为有效？
2. 在你过去的工作中，有没有遇到过关于内容发布的挑战？你是如何应对并解决这些问题的？
3. 能否分享一次你认为特别成功的新媒体营销活动？你是如何策划并执行的？
4. 在新媒体运营中，数据分析是一个重要的环节。请问你通常如何收集和分析数据来指导你的运营决策？
5. 请描述一次你需要快速适应新媒体平台变化的情况。你是如何调整策略以保持竞争力的？
6. 在团队合作中，你通常扮演什么角色？请提供一个具体的例子，说明你如何与团队成员协作以达成目标。
7. 你如何评估和选择适合目标受众的新媒体平台？请分享你的决策过程。
8. 面对负面评论或社交媒体危机，你会如何处理？请提供一个你处理过的案例或你认为理想的处理方式。
9. 在制订内容策略时，你如何平衡创意表达和商业目标？请分享一个你认为平衡得当的例子。
10. 你如何看待AI和自动化工具在新媒体运营中的应用？你是否有使用这些工具的经验？
11. 请分享一个你认为需要批判性思维来解决的新媒体运营问题，并描述你是如何分析和解决这个问题的。
12. 在你的职业生涯中，有没有一个时刻你需要对新媒体策略进行重大调整？是什么促使你做出这样的决定的？
13. 你如何保持对新媒体趋势的了解，并将其融入你的工作中？
14. 请谈谈你对品牌声音和语调的认识，以及你如何在内容创作中保持一致性。

这些问题旨在深入了解应聘者的专业知识、实际操作经验、问题解决能力以及他们如何适应新媒体运营领域的快速变化。通过这些问题，我们可以更好地评估应聘者是否适合新媒体运营的岗位。

由此可见，只要告诉AI你的面试行业和岗位，它就会生成相应的面试题。你可能会问，如何有效回答这些问题呢？你可以进一步询问AI，让它扮演应聘者的角色，展示如何回答。

用户：

请你回答第4个问题。

AI：

作为一位有经验的面试官，对于第4个问题，我会这样回答。

在新媒体运营中，数据分析是至关重要的。我通常会通过以下几个步骤来收集和分析数据，以指导我的运营决策。

1. 确定关键指标：首先，我会确定哪些指标对于评估新媒体运营效果最为关键，例如用户增长率、参与度、转化率、用户留存率等。
2. 数据收集：使用各种工具和平台，如Google Analytics、社交媒体分析工具等，来收集用户行为数据、流量来源、用户互动等信息。
3. 数据整合：将收集到的数据进行整合，确保数据的一致性和准确性，便于进行深入分析。
4. 趋势分析：分析数据趋势，识别哪些内容或活动最受欢迎，哪些时间段用户活跃度最高，以及用户行为模式的变化。
5. 用户细分：对用户进行细分，了解不同用户群体的特征和需求，以便更精准地定制内容和推广策略。
6. A/B测试：通过A/B测试不同的内容、标题、发布时间等，来测试哪些变量对用户行为的影响最大。
7. 竞争对手分析：分析竞争对手的新媒体运营策略，了解他们的优势和不足，从而找到差异化的运营点。
8. 反馈循环：将分析结果转化为行动，调整运营策略，并持续监控效果，形成闭环。
9. 报告和分享：定期制作数据分析报告，与团队成员分享洞察，确保团队对运营效果有清晰的认识，并能够基于数据做出决策。

通过这种方法，我能够确保新媒体运营策略是基于数据驱动的，从而提高效率和效果。

3.8.3 活学活用

假如你现在需要换工作，请你输入对应的行业和岗位，让AI帮你生成面试题目。

3.9 AI高效完成营销策划：精准定位市场策略

3.9.1 背景

在现代营销领域，制订和执行精准的市场营销策略对企业的成功至关重要。然而，许多营销人员面对市场数据的复杂性和快速变化，往往感到制订策略的时间和精力成本较高，同时面临决策的不确定性和风险。

此时就可以基于AI快速而准确地分析大数据，识别潜在客户群体和市场趋势，从而帮助营销团队制订更精准和有效的市场策略。

3.9.2 公式

万能公式的结构为：赋予角色（选填）+背景或现状+目的或需求+输出要求+补充内容（选填）

- 背景或现状：营销策划的背景及原因。
- 目的或需求：分析目前的现状，并据此制订营销策划案。
- 输出要求：包括市场分析、目标设定、策略制订、资源分配和效果评估等内容的详细计划。

用户：
冷泡茶王国是一家专注于冷泡茶制作和销售的企业，产品以纯正口感与健康为主要特色，主要面向追求健康生活方式的都市白领和健身爱好者，近期企业销售业绩下滑。分析目前的现状，并据此制订营销策划案，包括市场分析、目标设定、策略制订、资源分配和效果评估等内容的详细计划。

AI：
针对冷泡茶王国当前的销售业绩下滑问题，我们可以从以下几个方面进行分析和策划。

市场分析
1. 市场趋势：根据市场数据，冷泡茶作为一种健康饮品，其市场需求总体呈上升趋势。然而，由于竞争激烈和市场饱和，部分区域可能出现增长放缓的现象。
2. 消费者行为：都市白领和健身爱好者通常注重健康和便捷。他们可能更倾向于无糖、低卡路里的饮品，且偏好在线购物和即时配送服务。
3. 竞争分析：市场上存在多个冷泡茶品牌，包括传统茶企和新兴品牌。需要分析竞争对手的产品特点、价格策略和营销手段。

目标设定
1. 短期目标：提高品牌知名度，增加市场占有率，短期内提升销量。
2. 长期目标：建立忠实客户群，成为健康饮品市场的领导品牌。

策略制订
1. 产品创新：开发新的冷泡茶口味，如季节限定或功能性茶饮（如提神、美容等）。
2. 价格策略：根据市场调研调整价格，考虑分层定价或会员制度。
3. 渠道优化：加强线上销售渠道，如电商平台和品牌官网，同时探索与健身房、健康食品店的合作。
4. 促销活动：定期举行促销活动，如限时折扣、买一送一等。
5. 品牌合作：与健康生活方式相关的品牌进行合作，如瑜伽馆、健康餐品牌等。

资源分配
1. 营销预算：合理分配预算至广告、促销活动、渠道建设和合作伙伴关系维护。
2. 人力资源：组建专业的营销团队，包括市场分析师、社交媒体运营、销售代表等。
3. 物流配送：优化物流系统，确保产品新鲜度和快速配送。

效果评估
1. 销售数据：定期跟踪销售数据，分析策略效果。
2. 市场反馈：收集消费者反馈，了解产品和营销活动的接受度。
3. 调整策略：根据评估结果及时调整营销策略。

详细计划
1. 市场调研：深入了解目标消费者的需求和偏好，分析竞品的市场表现。
2. 产品定位：明确产品的核心价值，如健康、便捷、纯正口感。
3. 营销计划：制订具体的营销活动计划，包括时间表、预算和预期目标。
4. 执行监控：执行营销计划，并实时监控效果，确保按计划进行。
5. 后期评估：营销活动结束后，进行全面的效果评估，总结经验教训。

> 通过上述分析和策划，冷泡茶王国可以更有针对性地应对市场挑战，提升销售业绩。同时，持续的市场调研和消费者反馈收集将帮助企业不断优化产品和营销策略。

由此可见，AI能根据你提供的背景和需求制订营销方案，不仅能分析现状，还提出下一步的计划及可能遇到的问题和风险，为你提供全面的支持，帮助你迅速找到正确的方向。

如果计划合适，你就可以让AI帮你进一步帮你制订计划。

用户：
请问"渠道优化"这一步应该怎么执行？

AI：
"渠道优化"是营销策划中的关键环节，旨在提高产品的销售效率和市场覆盖率。以下是执行渠道优化的详细步骤。

1. 渠道评估
   - 审视现有的销售渠道，包括线上和线下渠道。
   - 分析各渠道的销售数据，了解哪些渠道表现良好，哪些需要改进。
2. 客户分析
   - 确定目标客户群体的购买习惯和偏好渠道。
   - 了解客户对不同渠道的反馈和满意度。
3. 渠道整合
   - 整合多渠道销售策略，确保线上、线下渠道的一致性和互补性。
   - 利用CRM系统整合客户数据，提供无缝的购物体验。
4. 线上渠道强化
   - 加强电商平台合作，如天猫、京东等，提高品牌在平台上的可见度。
   - 建立和优化官方网站，提供直接购买渠道，增强品牌控制力。
5. 社交媒体营销
   - 利用社交媒体平台（如微博、微信、小红书等）进行产品推广和互动营销。
   - 开展KOL和KOC合作，通过意见领袖的影响力吸引潜在客户。
6. 线下渠道创新
   - 在目标客户频繁出现的地点（如健身房、瑜伽馆、健康食品店）设置销售点或展示区。
   - 举办品牌体验活动，如茶艺展示、健康讲座等，增加品牌与消费者的互动。
7. 物流配送优化
   - 与物流服务商合作，提供快速可靠的配送服务。
   - 考虑设置区域仓库，缩短配送时间，提高客户满意度。
8. 渠道专属策略
   - 为不同渠道制订专属的营销策略和促销活动。
   - 根据渠道特性调整产品包装和定价策略。
9. 渠道培训与支持
   - 对渠道合作伙伴进行产品知识和销售技巧培训。

> - 提供市场推广物料和销售支持，帮助渠道提升销售能力。
> 10. 监控与调整
>   - 定期监控渠道销售数据和市场反馈，评估渠道表现。
>   - 根据市场变化和销售数据，灵活调整渠道策略。
> 11. 技术和数据分析
>   - 利用数据分析工具监控渠道流量和销售转化。
>   - 通过数据分析结果，优化渠道布局和营销投入。
>
> 通过上述步骤，冷泡茶王国可以更有效地管理和优化销售渠道，提高产品的销售效率和市场竞争力。

3.9.3 活学活用

如果你现在是口红厂家的活动策划负责人，现在请你使用AI来制订一份针对25岁以下女性人群的线上社交媒体推广营销方案，看看你是否掌握了使用AI完成营销策划的方法。

3.10 AI撰写商业企划书：清晰阐述商业愿景

3.10.1 背景

在商业领域，撰写商业企划书是企业展示愿景、吸引投资者和合作伙伴的关键文档。传统上，这一过程需要投入大量时间并具备专业知识，以确保文档清晰地表达商业愿景、有效展示市场机会和竞争优势，同时简洁而有说服力。然而，基于深度学习和自然语言处理，AI能够迅速理解大量数据，生成结构严谨、逻辑清晰的商业企划书。

3.10.2 公式

万能公式的结构为：赋予角色（选填）+背景或现状+目的或需求+输出要求+补充内容（选填）。

- 背景或现状：商业计划的背景和想法。
- 目的或需求：请你负责撰写商业企划书，要求清晰阐述商业愿景。
- 输出要求：确保商业愿景表达清晰明了，能够准确传达企业的长远目标和核心价值。详细描述愿景对行业或社会的影响和意义，突出企业的创新性和领导地位。

> **用户：**
> 现在我需要向投资人介绍我的AI视频工具，它主要为专业视频剪辑人员设计，帮助他们快速完成复杂的特效制作。我们利用低成本的渲染技术，有效减少了后期特效处理的成本和复杂性。
> 请你负责撰写商业企划书，要求清晰阐述商业愿景。
> 1. 确保商业愿景表述清晰明了，能够准确传达企业的长远目标和核心价值。
> 2. 详细描述愿景对行业或社会的影响和意义，突出企业的创新性和领导地位。

AI：

商业企划书：AI 视频工具——引领视频剪辑的未来

封面
- 项目名称：AI视频工具。
- 企业名称：你的企业名称。
- 日期：2024年6月30日。

目录
1. 执行摘要
2. 企业愿景
3. 市场分析
4. 产品介绍
5. 技术优势
6. 营销策略
7. 财务预测
8. 风险评估与应对
9. 结论与行动呼吁

1. 执行摘要

本企划书旨在介绍一款专为专业视频剪辑人员设计的 AI 视频工具，该工具通过创新的低成本渲染技术，大幅降低了后期特效处理的成本和复杂性。我们的愿景是通过技术革新，为视频制作行业带来革命性的变化，同时为社会创造更高的艺术价值和商业价值。

2. 企业愿景

我们的企业愿景是成为视频制作行业的领导者，通过 AI 技术的深度融合，为专业视频剪辑人员提供无与伦比的工作效率和创作自由度。我们致力于推动视频制作流程的自动化和智能化，让创意与技术的结合更加紧密，从而激发更多创新内容的诞生。

3. 市场分析

当前视频内容市场正经历着前所未有的增长，专业视频剪辑人员面临着日益增长的工作量和复杂度。我们的 AI 视频工具将填补市场空白，为专业人士提供更高效、更经济的解决方案。

4. 产品介绍

AI 视频工具是一款集成了先进算法和机器学习技术的软件，它能够自动识别视频内容，智能推荐特效方案，并实现一键式渲染。用户可以通过简单的操作，快速完成复杂的特效制作，大大提升工作效率。

5. 技术优势
- 低成本渲染技术：通过优化算法，减少计算资源消耗，降低成本。
- 智能识别与推荐：AI技术能够理解视频内容，智能推荐适合的特效。
- 一键式操作：简化用户操作流程，实现快速渲染和效果应用。
- 持续学习与优化：机器学习模型不断从用户反馈中学习，优化推荐算法。

6. 营销策略

我们将通过多渠道营销策略，包括行业会议、在线广告、合作伙伴关系和口碑营销，来推广我们的

AI 视频工具。我们的目标是建立品牌认知度,并与行业内的专业人士建立长期合作关系。

7. 财务预测

详细的财务预测将展示我们的产品如何实现盈利,包括收入预测、成本分析和盈亏平衡点。

8. 风险评估与应对

我们将识别潜在的市场风险、技术风险和运营风险,并制订相应的应对策略,确保企业的稳健发展。

9. 结论与行动呼吁

我们邀请投资人加入我们的旅程,共同推动视频制作行业的未来。通过投资我们的 AI 视频工具,你将参与到一个具有巨大潜力和影响力的创新项目中。

请根据实际情况调整上述内容,以确保企划书的准确性和适用性。如果需要进一步细化或有特定问题,欢迎随时咨询。

由此可见,AI 迅速根据我们输入的信息生成了 AI 视频工具的商业计划书大纲。接下来,我们将利用之前提到的延展式提问,进一步完善我们的商业计划书。

用户:

请你详细撰写第 3 部分市场分析。

AI:

3. 市场分析

3.1 行业背景

视频内容行业正在经历快速的增长,随着社交媒体、在线视频平台和移动设备的普及,视频已经成为人们日常生活中不可或缺的一部分。专业视频剪辑人员面临的挑战也随之增加,包括更短的制作周期、更高的质量要求,以及不断变化的观众口味。

3.2 目标市场

我们的目标市场是专业视频剪辑人员,包括电影、电视、广告、网络视频和企业视频制作等领域的专业人士。这些用户通常需要高效的工具来处理复杂的视频特效,同时保持创作的独特性和个性化。

3.3 市场需求

当前市场上存在对高效、智能视频编辑工具的强烈需求。随着技术的发展,用户期望能够通过更少的手动操作来实现更高质量的视频效果。我们的 AI 视频工具正是为了满足这一需求而设计的。

3.4 竞争分析

- 竞争格局:分析当前市场上的主要竞争对手,包括他们的产品特点、市场占有率、用户评价等。
- 差异化优势:强调我们的 AI 视频工具在成本效益、操作简便性、智能化程度等方面的优势。
- 市场机会:识别市场中未被满足的需求或竞争对手的不足之处,展示我们的 AI 视频工具如何填补这些空白。

3.5 市场趋势

- 技术进步:随着 AI 和机器学习技术的不断进步,视频编辑工具的智能化水平将不断提高。
- 用户需求变化:用户对于视频内容的质量和个性化需求日益增长,推动了对高级编辑工具的需求。

- 行业整合：视频制作行业的整合可能导致对统一、高效的视频编辑解决方案的需求增加。

3.6 SWOT 分析
- 优势（Strengths）：我们的AI视频工具具有低成本、高效率、易用性等优势。
- 劣势（Weaknesses）：可能存在的市场认知度不足、技术接受度等问题。
- 机会（Opportunities）：新兴的视频平台和内容创作者的崛起为工具提供了新的市场机会。
- 威胁（Threats）：技术更新迅速，竞争对手可能迅速模仿或超越我们的产品。

3.7 市场规模预测
提供市场规模的预测数据，包括视频制作行业的整体市场规模、专业视频剪辑工具的市场份额等。

3.8 目标客户分析
详细描述目标客户的特征，包括他们的工作流程、痛点、需求以及如何通过我们的AI视频工具解决这些问题。

3.9 市场进入策略
制订市场进入策略，包括定价策略、推广渠道、合作伙伴关系建立等，以确保产品能够快速被市场接受。

通过上述详细的市场分析，我们可以清晰地了解目标市场的现状和潜力，为投资人提供一个全面、深入的市场视角，从而增强他们对我们AI视频工具项目的信心。

由此可见，用AI写好商业计划书，需要掌握的不仅是公式，还要结合各种AI技巧，以确保生成的内容符合要求。同时，我们要将真实情况融入对话中，这样才能更有效地利用AI生成文案。

3.10.3 活学活用

假如你现在推出了一款新型的洗发水，它可以帮助头发更加丝滑，同时能适用于各种类型的发质，请你基于这个产品写一份商业计划书。

3.11 AI 创作短视频：打造引人入胜的内容

3.11.1 背景

短视频已经成为各行各业对外宣传的重要工具。然而，编写优质的脚本需要丰富的创意、深刻的市场理解和娴熟的写作技巧，这对许多人来说是一个极大的挑战。

AI能从大量的广告文案和用户反馈中学习，不仅能提供创意灵感，还能确保脚本的逻辑性和吸引力。这样，创作者能够在短时间内生成高质量的脚本，大幅提升工作效率和创作效果。

3.11.2 解析

制作短视频的过程可以被简化为3个关键步骤，以确保内容的吸引力和传播效率。首先，挖掘优质的视频选题并明确创作方向是基础，这有助于确保视频内容与观众的兴趣和需求相匹配；其次，生成一个吸引人的短视频标题，这对于优化视频的点击率至关重要，因为一个好标题能够激发潜在观众的好奇心，促使他们点击观看；最后，制作一个高效的短视频脚本，这不仅能提高视频制作的效率，还能确保信息传达的连贯性和清晰度。通过这三个步骤，你可以系统地制作出既吸引人又具有传播力的短视频。

3.11.3 步骤详解

01 挖掘优质视频选题，明确方向。

- 赋予角色：请你扮演一位有经验的短视频运营专家。
- 背景或现状：现在需要做AI方向的视频选题。
- 目的或需求：现在需要你生成短视频选题，要求实时性强。

> **用户：**
> 请你扮演一位有经验的短视频运营专家，制作 AI 方向的视频选题，要求实时性强。

> **AI：**
> 好的，作为一位经验丰富的短视频运营专家，我会为你提供一些关于 AI 方向的短视频选题建议。这些选题将结合当前的热点话题和实时性，以确保内容的吸引力和相关性。
> 1. AI在日常生活的应用：展示AI如何帮助人们简化日常任务，例如智能家居、智能助手等。
> 2. AI与艺术的结合：探索AI如何创作音乐、绘画作品，以及它对艺术领域的潜在影响。
> 3. AI在教育领域的革新：介绍AI如何个性化地学习，提高学习效率。
> 4. AI在医疗健康领域的突破：讲述AI在疾病诊断、治疗计划制订等方面的最新进展。
> 5. AI伦理问题讨论：分析AI决策过程中的道德困境和隐私问题。
> 6. AI与就业市场：探讨AI技术对就业市场的影响，以及未来职业的发展趋势。
> 7. AI在环境监测中的角色：展示AI如何帮助监测气候变化、污染等环境问题。
> 8. AI在游戏开发中的应用：讲述AI如何创造更智能的游戏角色和更丰富的游戏体验。
> 9. AI辅助决策：介绍AI在商业、金融等领域的数据分析和决策支持能力。
> 10. AI技术的最新趋势：汇总最新的AI技术发展，包括机器学习、深度学习等领域的突破。
>
> 为了确保选题的实时性，建议关注科技新闻、社交媒体趋势以及行业报告，以便及时捕捉和反映最新的 AI 动态。同时，可以通过用户反馈和数据分析来调整内容策略，确保视频内容能够引起观众的兴趣和共鸣。

通过AI生成短视频选题，可以有效解决灵感和创意不足的问题。同时，大家也要注意选择与你的IP风格和公司主题相符的选题方向，然后开始下一步的创作。

02 生成短视频标题，优化视频点击率。

- 赋予角色：请你扮演一位有经验的短视频运营专家。
- 背景或现状：现在写短视频的标题。
- 目的或需求：请帮我想10个适合短视频的标题，针对（主题名称）主题。
- 输出要求：突出重点，开头标题采用形象生动的词语、数字，例如"2分钟告诉你""10

个必学""5种你不得不学的";命令句、疑问句,例如,"5个你一定要知道的""为什么女人总是";简短精炼,这些标题的字数都很少,简洁干练吸引观众,这种方式容易引起读者的思考并激发他们的好奇心,从而吸引他们继续阅读。

> **用户:**
> 请你扮演一位有经验的短视频运营专家,撰写10个适合短视频的标题,针对"AI与艺术的结合"主题。
> 输出要求:
> 1. 突出重点:开头标题采用形象生动的词语、数字,例如,"2分钟告诉你""10个必学""5种你不得不学的"。
> 2. 命令句、疑问句:例如,"5个你一定要知道的""为什么女人总是"。
> 3. 简短精炼:这些标题的字数都很少,简洁干练吸引观众,这种方式容易引起读者的思考并激发他们的好奇心,从而吸引他们继续阅读。

> **AI:**
> 当然,以下是针对"AI与艺术的结合"主题的10个短视频标题建议,并符合你的要求。
> 1. 2分钟揭秘:AI如何重塑艺术界
> 2. 5种AI艺术创作法,你试过吗?
> 3. 10个AI艺术作品,颠覆你的想象
> 4. 为什么AI能成为艺术家?
> 5. AI绘画:5分钟学会创作大师级作品
> 6. AI音乐:3步解锁音乐创作新技能
> 7. AI与人类艺术家:谁的作品更打动你?
> 8. 1分钟速览:AI在艺术领域的五大突破
> 9. AI艺术:5个你意想不到的应用场景
> 10. AI创作:5个必学的艺术技巧,你掌握了吗?
> 这些标题旨在激发观众的好奇心,同时简洁明了地传达视频内容的核心。使用数字和疑问句可以增加标题的吸引力,让观众产生点击观看的冲动。

完成标题制作后,即可进入脚本生成阶段。

03 生成短视频脚本,提高脚本制作效率。

- 赋予角色:假如你是短视频平台的博主。
- 目的或需求:请你帮我写一个视频脚本,主题是(视频主题)。
- 输出要求:内容包含具体案例;标题是(视频标题);面向人群是(视频人群);视频长度为(数字+单位)。

> **用户:**
> 假如你是短视频平台的博主,请你帮我写一个视频脚本,主题是"AI与艺术的结合",输出要求如下。
> 1. 内容包含具体案例。

2. 标题是"2分钟揭秘：AI如何重塑艺术界"。
3. 面向人群是AI从业新人。
4. 视频长度为2分钟。

AI：

当然可以，以下是针对"AI与艺术的结合"主题的视频脚本，标题为"2分钟揭秘：AI如何重塑艺术界"，面向AI从业新人，视频长度为2分钟。

[开场白]

嗨，大家好！欢迎来到我的频道。今天，我将用2分钟的时间，带大家一探AI如何重塑艺术界。如果你是AI领域的新人，那你绝不能错过这个视频！

[引入案例]

首先，让我们来看一个具体案例。2018年，一幅名为《埃德蒙·德·贝拉米》的肖像画在纽约佳士得拍卖行以43.25万美元的价格成交。但这幅画的作者不是人类，而是一个名为Obvious的AI团队的作品。

[解释AI创作过程]

这幅画AI是如何创作的呢？它使用了一种称为生成对抗网络（GANs）的技术。简单来说，就是让两个AI模型相互竞争：一个生成图像，另一个尝试识别图像是真实的还是生成的。通过这种方式，AI不断学习并改进其创作。

[展示AI艺术的多样性]

AI艺术不仅限于绘画。例如，音乐领域也有AI的足迹。Amper Music就是这样一个平台，它使用AI来创作个性化的音乐，以满足不同用户的需求。

[讨论AI艺术的影响]

AI艺术的出现，对传统艺术界产生了深远的影响。它不仅拓宽了艺术的边界，还引发了关于艺术创作本质的讨论。AI是否能够真正理解艺术？它创作的作品是否具有灵魂？

[结尾]

好了，时间差不多了。AI与艺术的结合，无疑为我们打开了一扇新的大门。如果你对这个话题感兴趣，别忘了点赞、分享和订阅我的频道。我们下期视频再见！

[结束语]

记住，艺术与科技的结合，正在创造无限可能。感谢观看，我们下次见！

这个脚本简洁明了，适合2分钟的视频长度，同时包含了具体的AI艺术案例，适合AI新人了解AI在艺术领域的应用。

可见，通过AI制作短视频脚本，可以轻松解决制作效率低和创意不足的问题，提高生产力。

3.11.4 活学活用

请生成一份AI与你的所在行业相结合的视频脚本。

3.12 AI 编写程序代码：提升编程效率

3.12.1 背景

编写程序代码是软件开发和解决技术问题的重要任务，但这一过程复杂且耗时，需要开发者具备深厚的技术背景和丰富的实践经验。AI通过深度学习和自然语言处理能力，能够理解并生成高质量的代码，并掌握多种编程语言和模式。它不仅能根据用户需求快速生成代码，还能自动检测和修复错误，提升代码质量和可维护性。

3.12.2 解析

1. 生成代码

AI不仅能够根据你的需求生成代码，还可以根据要求进行调整和优化。

> **用户：**
> 假如你是程序员，你的任务是根据提供的自然语言请求创建 Python 函数。
> 1. 这些请求将描述函数的期望功能，包括输入参数和预期返回值。
> 2. 根据给定的规范实现这些函数，确保它们能够处理边缘情况，执行必要的验证，并遵循 Python 编程的最佳实践。
> 3. 请在代码中包含适当的注释，以解释逻辑并帮助其他开发人员理解实现。
> 我想要一个可以解决数独谜题的函数。该函数应将一个 9×9 的数独网格作为输入，其中空单元格用值 0 表示。该函数应使用回溯算法解决谜题，并返回解决后的网格。如果谜题无法解决，则应返回 None。该函数还应验证输入网格，以确保它是一个有效的数独谜题。

> **AI：**
> 下面是一个可以解决数独谜题的 Python 函数。这个函数使用回溯算法来解决谜题，并包含输入网格验证，以确保它是一个有效的数独谜题。
>
> ```python
> def is_valid_sudoku(board):
> """
> 验证数独网格是否有效
> :param board: 9x9 的数独网格
> :return: 如果网格有效返回 True，否则返回 False
> """
> def is_valid_unit(unit):
>     unit = [i for i in unit if i != 0]
>     return len(unit) == len(set(unit))
>     （省略约 90 行代码……）
> ```

```
# 解决数独谜题
solved_board = solve_sudoku(sudoku_board)
print(solved_board)
'''
```

解释

1. 'is_valid_sudoku' 函数用于验证输入的数独网格是否有效。
- 'is_valid_unit' 函数检查行、列或 3×3 子网格中是否有重复的数字。
- 'is_valid_row'、'is_valid_col'、'is_valid_square' 函数分别验证行、列和 3×3 子网格是否有效。

2. 'solve_sudoku' 函数使用回溯算法来解决数独谜题。
- 'is_valid' 函数用于检查在特定位置放置一个数字是否有效。
- 'backtrack' 函数通过递归尝试填充每个空单元格,直到谜题解决或无法解决。

3. 示例网格 'sudoku_board' 是一个部分填充的数独谜题,通过调用 'solve_sudoku' 函数可以得到解决后的网格。

2. 漏洞检测

AI可以帮助检查代码中的漏洞,确保代码的安全性和可靠性。

用户:

假如你是程序员,你的任务是分析提供的 Python 代码片段,识别其中存在的任何错误,并提供一个修正后的代码版本来解决这些问题。

1. 解释你在原始代码中发现的问题以及你如何修复它们。
2. 修正后的代码应该是功能性的、高效的,并遵循 Python 编程的最佳实践。

```
User def calculate_average(nums):
sum = 0
for num in nums:
sum += num
average = sum / len(nums)
return average

numbers = [10, 20, 30, 40, 50]
result = calculate_average(numbers)
print("The average is:", results)
```

AI:

原始代码存在以下几个问题。

1. 缩进问题:Python 中的缩进很重要,不正确的缩进会导致代码无法执行。
2. 变量命名冲突:使用了内置函数名'sum'作为变量名,这会覆盖内置函数 'sum'。

3. 返回值错误：打印结果时使用了错误的变量名 'results'，应为 'result'。
4. 使用引号问题：在 'print' 语句中使用了全角引号，应使用半角引号。

下面是修正后的代码。
1. 使用正确的缩进格式。
2. 避免使用内置函数名作为变量名。
3. 修正变量名错误。
4. 使用半角引号。

修正后的代码如下：
```python
def calculate_average(nums):
    total = 0
    for num in nums:
        total += num
    average = total / len(nums)
    return average

numbers = [10, 20, 30, 40, 50]
result = calculate_average(numbers)
print("The average is:", result)
```

解释
1. 缩进修复：所有代码块和循环体都使用正确的缩进，使代码结构清晰，符合 Python 语法的要求。
2. 变量命名修复：将变量 'sum' 改为 'total'，避免与内置函数 'sum' 冲突。
3. 变量名修复：将打印语句中的 'results' 改为 'result'，保证变量名一致。
4. 引号修复：将打印语句中的全角引号改为半角引号，以避免语法错误。

使用AI生成和优化代码有很多例子，不仅限于Python。其他计算机语言，如C++和JavaScript，也可以利用AI处理。只需将公式转换为相应的计算机语言即可。

3.12.3 活学活用

试试让AI帮你生成一个HTML代码的前端登录界面。

3.13 AI制作海报：制作专业级视觉作品

3.13.1 背景

传统的海报设计通常需要借助专业的设计师和复杂的设计软件，花费大量时间和精力。而使用AI技术制作海报，不仅可以显著提高制作效率，还能确保视觉效果的专业性和创意性。

AI可以根据用户的需求和设定，快速生成各种风格和主题的海报，适用于商业广告、活动宣传、个人展示等多个场景。无论是缺乏设计经验的个人，还是需要高效完成设计任务的团队，AI制作海报都提供了一个强大的解决方案。

3.13.2 解析

在数字时代，设计一张引人注目的海报变得前所未有的便捷，这得益于众多AI海报工具的出现。无论是业余爱好者还是专业设计师，都可以根据自己的需求选择合适的工具。对于普通用户，可以尝试使用美图设计室、稿定设计或Pixio这样的平台，它们提供了丰富的模板和直观的操作界面，使设计过程简单快捷。而对于寻求更高级定制的专业设计师来说，Midjourney和Stable Diffusion等工具则提供了更深层次的创意空间。用户只需选择所需的海报类型，并输入对海报的具体描述，这些AI工具就能智能地生成符合要求的设计草图，大大提升了设计效率和质量。

3.13.3 步骤详解

01 打开AI工具（本例使用的是美图设计室），在首页单击"AI海报"按钮。

02 进入新页面后，选择需要的海报类型。

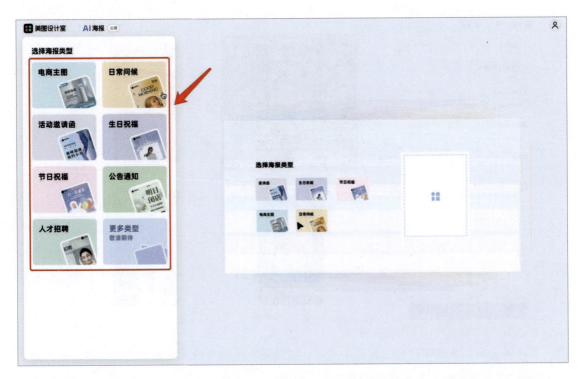

03 首先输入需要的海报元素：主标题、副标题、祝福语等，然后单击"生成"按钮。

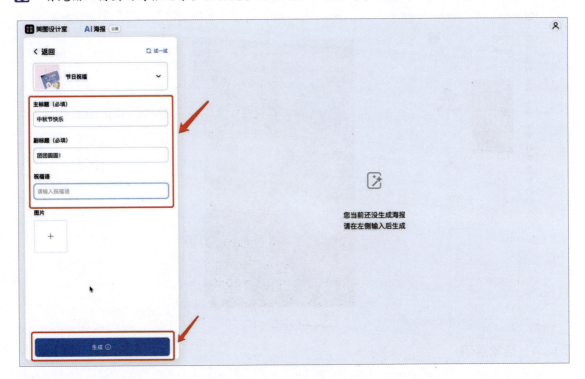

04 选择心仪的海报，单击"编辑"或"下载"按钮。

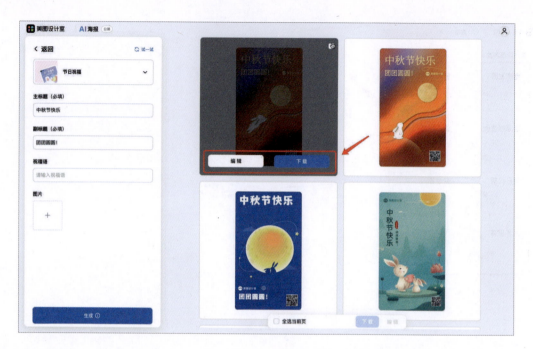

05 在编辑页面,美图设计室还提供了文字、模版等方便你个性化定制的工具,最后在界面右上角单击"下载"按钮,即可获得一张专业的海报。

3.13.4 活学活用

准备到新年了,公司需要出一张新年海报,现在老板把任务交给了你,快去用AI帮你完成吧!

3.14 AI 制作商品图：制作商用级电商主图

3.14.1 背景

在电商平台中，商品图是吸引消费者注意力的关键因素之一。高质量、专业的商品图能够显著提高点击率和购买转化率。随着AI技术的发展，利用AI生成商品图不仅可以提升图像质量，还能大幅度提高制作效率并降低成本，为电商企业提供了新的商用级解决方案。

3.14.2 解析

在电商领域，利用AI技术可以极大地提升海报制作的效率和质量。选择合适的AI海报工具是关键的第一步，对于非专业设计师，可以使用美图设计室、稿定设计、Weshop等工具，它们提供了直观的操作界面和丰富的模板，使设计过程简单快捷。而对于专业设计师，Midjourney和Stable Diffusion则是更高级的选择，它们提供了更多的创意空间和控制能力。使用这些工具时，你只需上传商品图片，然后输入对海报的描述，AI就能帮助你快速生成与商品相匹配的背景和设计元素，从而大幅提升制作海报的效率。

3.14.3 步骤详解

01 打开AI工具（案例使用的是美图设计室），在首页单击"AI商品图"按钮。

02 进入新页面后，上传需要制作商品图的物品图片。

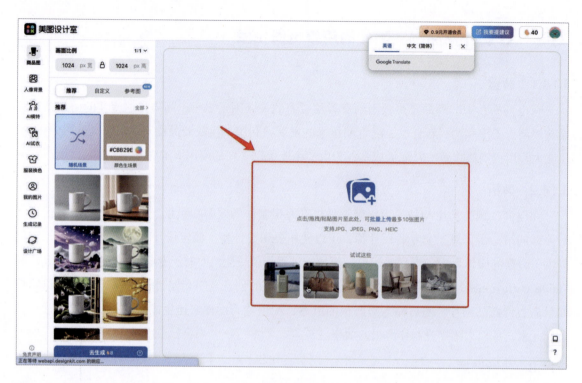

03 在左侧选择推荐的背景，或者用文字描述背景样式，出现参考图后单击"去生成"按钮。

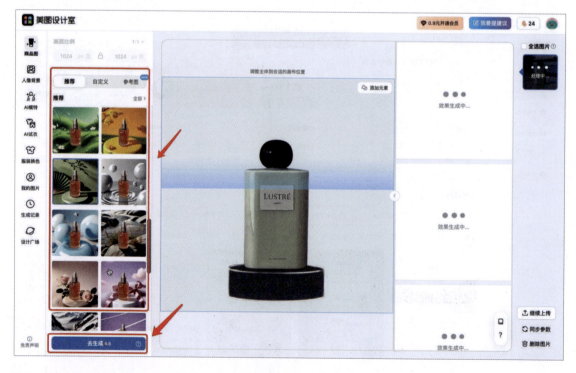

04 等待片刻，电商图生成完毕，直接下载即可。

3.14.4 活学活用

老板希望测试公司员工在制作电商图片方面的能力,并希望发现擅长设计的员工,以提供晋升机会,请你尝试用AI批量制作各种类型的电商图片吧!

第 4 章

创意娱乐：用 AI 点亮生活色彩

本章将深入探讨 AI 在创意和娱乐产业中的广泛应用，揭示 AI 如何为日常生活注入活力与色彩。我们将从 AI 辅助制作高质量写真和动漫风格的头像开始，逐步探索 AI 在草图绘制、老照片修复等艺术领域的应用。此外，本章还将涵盖 AI 在微电影制作、音乐创作、梦境解析以及数字人技术等前沿领域的创新实践。通过阅读本章，读者将学习到如何运用 AI 技术，创造个性化的创意和娱乐体验。

4.1 AI 制作写真照：在家也能获得高质量写真

4.1.1 背景

传统的写真拍摄通常需要花费大量金钱和时间，拍摄过程包括预约摄影棚、专业化妆、调整光线等步骤，最终拍出的效果有时还可能不合心意。而AI技术的应用改变了这一切，通过AI制作写真照，每个人都可以在家中轻松完成高质量的写真拍摄。

4.1.2 解析

在数字化时代，AI写真工具为我们提供了一种全新的摄影体验。推荐使用妙鸭相机、美颜相机、轻颜、Remini和Epik等工具，它们能够通过AI技术提升照片的质感和美感。使用这些工具时，你只需上传个人照片，便可作为AI的训练素材，让AI学习并理解你的审美偏好。随后，可以根据自己的喜好选择不同的写真风格，无论是复古、现代还是艺术风格，AI都能帮助你轻松实现。这些工具不仅简化了照片编辑的过程，还让每个人都能成为照片艺术家。

4.1.3 步骤详解

01 打开AI写真软件（这里使用的是妙鸭相机），点击"制作数字分身"按钮，再点击"添加1张正面照片"按钮，上传你的正面照片，让AI认识你。

02 点击"补充上传至少14-50张照片"按钮，上传你的不同方位的包含面部的照片，让AI更好地了解你的样貌。上传完照片后，点击"马上生成"按钮。

03 等待片刻，即可在"我的"页面中看到AI刚刚生成的数字分身。然后，在软件首页选择你想要的写真风格，并点击进入。

04 点击"立即生成"按钮，AI就会根据你的数字分身，帮你生成高质量的写真照片。

4.1.4 活学活用

试试用AI工具制作自己的数字写真吧！

4.2 AI制作动漫头像：创造独特的个人形象

4.2.1 背景

AI制作动漫头像，让创造独特个人形象变得简单有趣。只需上传草图，AI便能智能转化，生成风格多样的动漫头像。无论是细腻的手绘风还是酷炫的卡通形象，AI都能满足你的需求，让每个人都能轻松拥有属于自己的动漫形象。

4.2.2 解析

在个性化表达日益重要的今天，AI头像工具成为塑造个人形象的有力助手。选择合适的AI头像工具，如Midjourney、Stable Diffusion、Blibli、文心一格、美图设计室、稿定设计、Pixio和即时AI等，可以让我们轻松创建独一无二的动漫头像。使用这些工具时，首先需要上传你的个人头像图片，作为AI分析和创作的基础。接着，输入一些提示词来描述你想要实现的头像效果，无论是风格、色彩还是特定的元素，AI都能根据这些提示进行创作。最后，工具将根据你的提示生成一幅专属于你的AI头像，既快速又充满创意，让你在虚拟世界中也能展现个性风采。

4.2.3 步骤详解

01 打开AI工具（本例使用的是文心一格），单击"立即创作"按钮。

02 在AI创作页面，选择"自定义"功能后输入提示词（提示词：一个爱冒险的可爱女孩，她喜欢探索和了解世界，皮克斯动画风格，半身像镜头，黏土雕塑材质，电影照明，高质量，多

细节，高清）并上传你的头像图片，然后单击"立即生成"按钮。

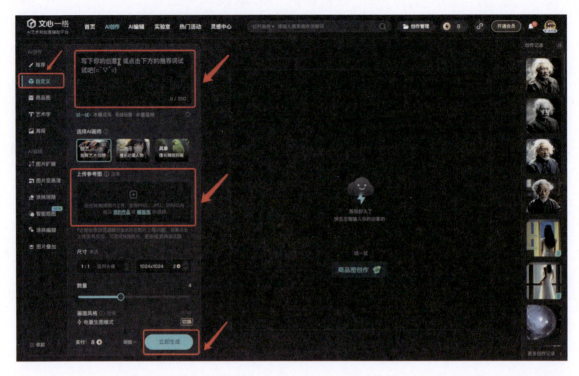

03 稍等片刻，图片生成完毕。你可以根据个人喜好，继续生成更多风格的头像。选择心仪的头像后，单击"下载"按钮。

最终得到的头像和原始照片对比如下。

4.2.4 活学活用

试试让AI帮你制作个性头像吧!

4.3 • AI 草稿转画作:让小白变画家

4.3.1 背景

对于许多绘画爱好者,特别是初学者来说,从草稿到成品画的过程常常充满挑战。传统绘画需要一定的技术和经验,而很多人因缺乏这些基础技能而感到挫败。

AI技术通过智能算法,能够将简单的草稿转化为高质量的绘画作品,不仅能帮助绘画新人轻松实现创意,还能让他们在绘画的过程中逐步提升技能。无论是手绘爱好者、学生,还是需要快速出图的设计师,AI草稿转绘画工具都提供了一个便捷高效的解决方案。

4.3.2 解析

选择合适的AI绘画工具是草稿转画作过程中的关键一步。对于普通用户,可以选择美图设计室、稿定设计、Pixio或即时AI等工具,它们提供了直观的操作界面和丰富的模板。而对于专业设计师,Midjourney、Stable Diffusion和Lliblib等高级工具则提供了更多的创意空间。使用这些工具时,首先需要上传你希望AI生成的草稿图片,然后输入一些提示词来描述你想要的画作效果。这样,AI就能根据你的描述,智能地生成符合你需求的画作。

4.3.3 步骤详解

01 打开AI工具(本例使用的是Lliblib,也可以使用Stbale diffusion),单击"在线生图"按钮。

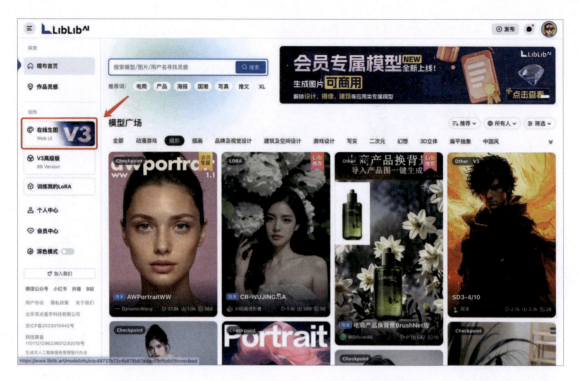

02 在CHECKPOINT选项栏中选择心仪的图片风格，本例选择的模型为ComicTraninee。

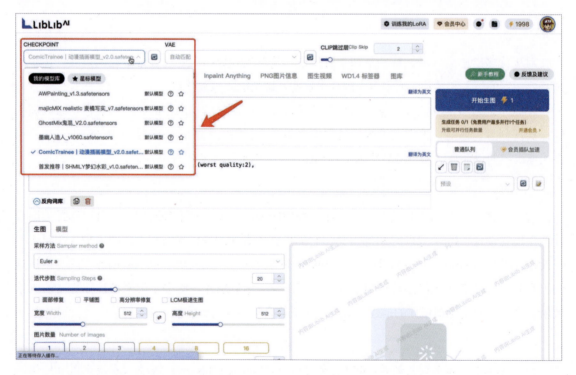

03 进入ControlNet选项卡，上传线稿图片。

第 4 章 创意娱乐：用 AI 点亮生活色彩

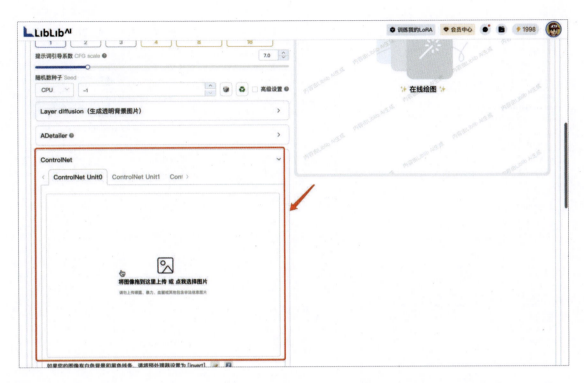

04 在 ControlNet 下方选中"启用"复选框，然后选中"Canny（硬边缘）"复选框。

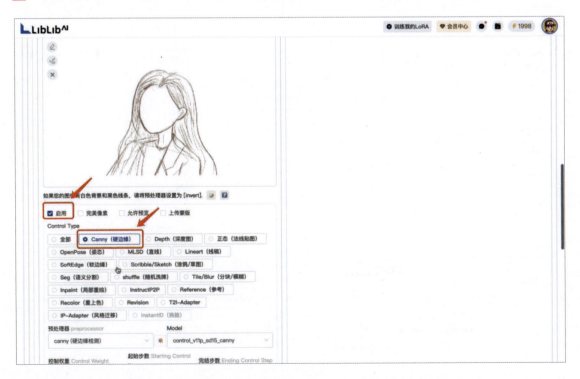

05 在提示词文本框中输入描述想要的图片效果的文字（提示词：(blonde hair:0.9),leotard,smlie），然后单击"开始生图"按钮。

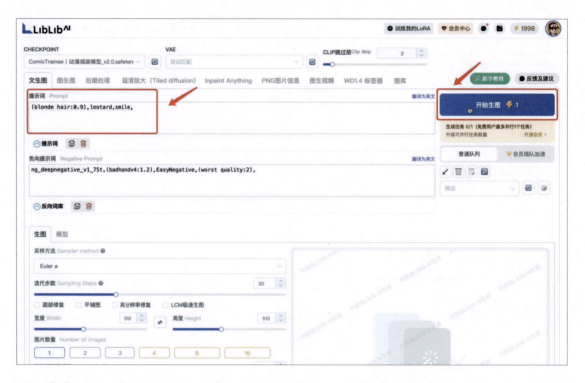

06 等待片刻,草稿就转化为了高质量的绘画作品,可以根据需要单击"分享"或"下载"按钮。

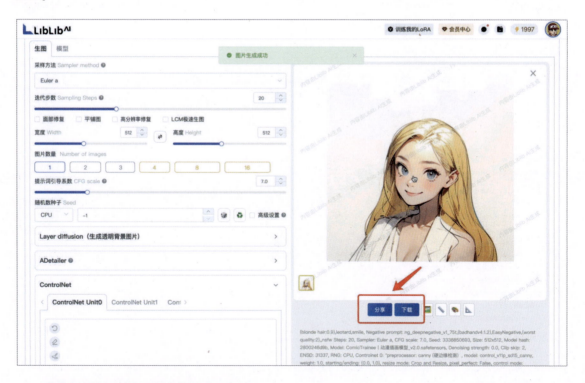

最终得到的画作和原始草图对比如下。

4.3.4 活学活用

试试画一幅草稿,让AI帮你转变专业画作吧!

4.4 AI修复老照片:提升清晰度去瑕疵

4.4.1 背景

老照片常常保留着我们珍贵的记忆,但随着时间的流逝,它们可能会出现褪色、模糊、划痕和其他损坏。但凭借着AI智能图像处理算法,能够自动识别和修复照片中的瑕疵,提升图像的清晰度,恢复照片原本的色彩和细节,让那些珍贵的回忆焕发新生。

4.4.2 解析

在数字化时代,AI技术的应用已经渗透到图片修复领域,为修复老照片带来了革命性的变革。选择一款合适的AI工具,如开拍、佐糖、Magnific.ai等,可以让你轻松地对老照片进行修复。使用这些工具时,只需上传需要修复的照片,它们便能利用先进的AI算法自动识别图片中的问题,如划痕、污点或模糊,并进行智能修复。此外,还可以输入提示词来描述你想要的照片效果,比如增强色彩、提升分辨率或修复特定区域。通过这些步骤,AI工具能够生成一幅焕然一新的照片,让老照片重获新生。

4.4.3 步骤详解

01 打开AI工具(本例使用的是开拍),单击"画质修复"按钮。

02 首先根据需要单击"高清""超清""人像增强"按钮,然后单击"上传图片或视频"按钮。

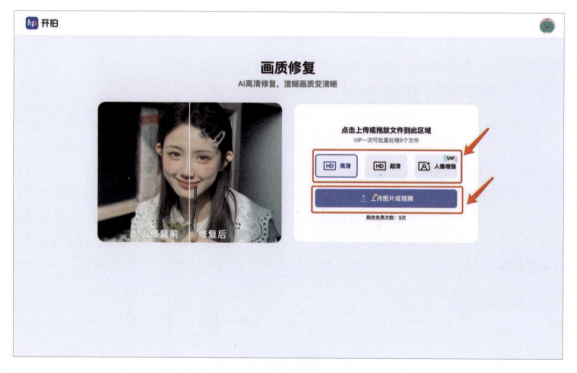

03 上传图片或视频后等待片刻,即可下载修复好的照片。

经过AI工具修复，照片中的褶皱和颗粒感完全消失，取而代之的是更加细腻、有质感的发丝和眼神。

4.4.4 活学活用

试试复原一张家中的老照片吧！

4.5 AI 制作微电影：轻松拍摄创意短片

4.5.1 背景

制作微电影通常需要专业的设备、团队和丰富的经验，对于大多数人来说，拍摄制作一部微电影是一项复杂且耗时的任务。而AI技术通过智能视频生成和编辑工具，可以大大简化微电影的制作过程。用户只需提供创意，AI就能轻松创作出高质量的创意短片，无论是创作故事片段，还是进行品牌宣传，AI制作微电影工具都能满足需求。

4.5.2 解析

在视频创作领域，AI技术的应用正变得越来越广泛。使用具有AI视频功能的工具，如快影、Runaway、Pika、Sora等，可以极大地简化视频制作流程。首先，根据你的主题，可以利用AI写作工具来生成微电影剧本，这些工具能够根据你提供的创意和情节要求，自动构思出吸引人的故事线；接着，输入提示词来进一步描述你的视频内容，这些提示词将帮助AI更准确地理解你的创意意图和视频风格；最后，利用这些AI工具，即使是视频制作的新手也能轻松拍摄出充满创意的短片，从剧本创作到实际拍摄，AI技术都能提供强大的支持，让视频制作变得更加高效和有趣。

4.5.3 步骤详解

01 打开Runaway（也可以用快影代替），单击Text/Image to Video按钮。

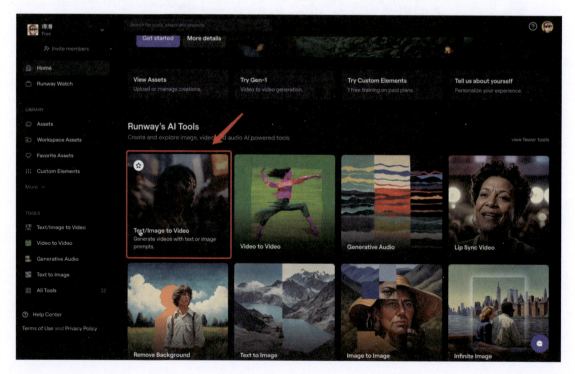

02 进入新页面后，在文本框中输入你对画面的想法，单击Generate 4s按钮。

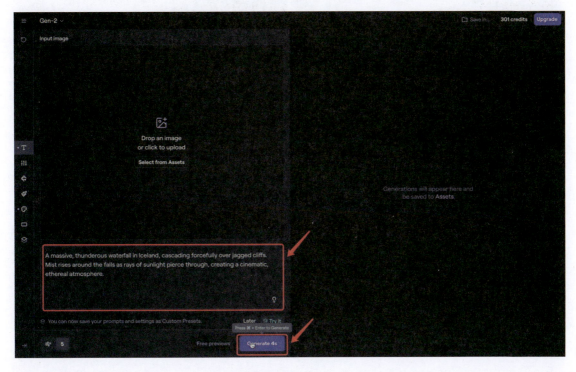

03 等待片刻，一段完全由AI生成的视频就做好了。

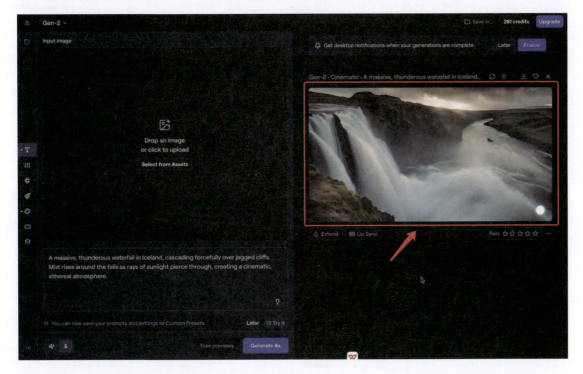

最终生成的视频片段效果如下。

然而,并不是每个人都能写出好的剧本,此时,我们可以借助AI工具来帮助构思剧本内容。

4.5.4 公式

万能公式的结构为:赋予角色(选填)+背景或现状+目的或需求+输出要求+补充内容(选填)。

- 赋予角色:请你充当一名电影编剧。
- 背景或现状:你对世界各地电影及其故事情节都非常了解。
- 目的或需求:根据主题(主题名称)生成一个剧本。
- 输出要求:剧本内容需要包括对环境的详细描述(仅限50个字),涵盖场景中的元素、人物和颜色等。要求描述得越详细越好,不需要提供对白,只需将前后场景串联起来,形成一个完整的故事。

用户:

请你充当一名电影编剧,你对世界各地电影及其故事情节都非常了解,根据春节主题生成一个剧本。剧本内容需要包括对环境的详细描述(仅限 50 个字),涵盖场景中的元素、人物和颜色等。要求描述得越详细越好,不需要提供对白,只需将前后场景串联起来,形成一个完整的故事。

AI:

主题:春节

场景一:春节前夕的老城区

环境描述:

古老的街道两旁挂满了红色的灯笼,商店门口贴着金色的福字和春联。小巷里,穿着红衣的孩童在追逐打闹,空气中弥漫着燃放鞭炮发出的硫磺味。老人们围坐在石凳上,面带微笑地看着孩子们,墙角的猫咪懒洋洋地晒着太阳。

场景二:除夕夜的家中

环境描述:

客厅被布置得喜庆而温馨,墙上挂满了红色剪纸和挂饰,桌上摆放着丰盛的年夜饭。餐桌中央是一大锅热气腾腾的火锅,香气四散。每个座位前都有一碗热汤,橘子和花生堆成小山,电视里播放着《中央电视台春节联欢晚会》,背景声音是欢快的笑声和鞭炮声。

> 场景三：初一早晨的庙会
> 环境描述：
> 庙会的入口处，人头攒动，红色的拱门上写着"新年快乐"四个大字。摊位上摆满了各种小吃和传统手工艺品，空气中弥漫着糖葫芦和烤红薯的香气。人们穿着新衣，手里拿着各种小吃，孩子们则拿着彩色的气球，欢笑声此起彼伏。
>
> 场景四：家中的团圆饭
> 环境描述：
> 宽敞的餐厅里，长桌上摆满了各式菜肴，香气扑鼻。每个人都围坐在一起，举杯相庆，脸上洋溢着幸福的笑容。窗外，夜空中绽放着五彩缤纷的烟花，映照在每个人的脸上。桌边的小孩被大人们逗乐，整个房间洋溢着温馨和欢乐。
>
> 场景五：元宵节的灯会
> 环境描述：
> 公园里挂满了各式花灯，五光十色，形态各异。湖面上漂浮着许多荷花灯，闪烁着柔和的光芒。人们穿梭在灯海中，惊叹于灯艺的巧妙。高处的烟花在空中绽放，照亮了整个夜空。小贩的吆喝声和人们的欢笑声交织在一起，构成了节日的欢乐景象。
>
> 这个脚本通过5个场景串联起春节的整个过程，从春节前夕到元宵节，每个场景都描绘了不同的节日氛围和人们的活动。

4.5.5 活学活用

夏天到了，在沿海城市出生的小明想要制作一条微电影宣传家乡的文旅，但是苦于不了解视频制作不知从何下手，请你以海边为主题帮小明制作一个微电影吧！

4.6 AI照片解锁视频模式：让老照片动起来！

4.6.1 背景

老照片只能记录静态的瞬间，无法展现当时的情感和氛围。而随着AI技术的发展，我们现在可以赋予老照片新的"生命"。通过AI让静态的老照片"动"起来，重现当时的情景。不仅能够让过去的记忆更加生动，也为历史照片和家庭相册增添了全新的体验。无论是复活已逝亲人的珍贵时刻，还是让历史影像重现生机，AI照片解锁视频模式都展现出了巨大的潜力。

4.6.2 解析

在视频制作的世界中，AI技术正带来前所未有的创新。利用快影、Runaway、Pika等AI视频功能强大的工具，你可以轻松将静态图片转化为生动的视频内容。首先，上传你希望转化成视频的照片，这些工具能够识别照片中的关键元素。接着，描述你要生成的视频内容，无论是情感表达还是故事情节，AI都能根据你的描述生成与之匹配的视频。最后，开启AI照片解锁视频模式，让那些尘封的老照片重新焕发生机，讲述它们自己的故事。这种技术不仅让视频创作变得更加便捷，也为传统照片赋予了新的生命和表现力。

4.6.3 步骤详解

01 打开有视频功能的AI工具（本例使用的是快影），点击"AI创作"按钮，再点击"生成视频"按钮。

02 进入新页面后，首先点击"图生视频"按钮，并上传照片，然后输入想要的视频内容描述后，点击"生成视频"按钮。

03 在AI创作的页面找到"处理记录"按钮,点击进入后即可找到对应的视频,根据需要点击"重新生成""延长视频"按钮后,点击"导出并分享"或"下载"按钮。

 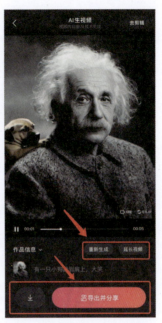

生成的动态照片视频如下。

4.6.4 活学活用

试试用AI帮你相册中的照片动起来吧!

4.7 AI照片解锁唱歌模式：让照片开口唱歌

4.7.1 背景

照片只能记录静态的画面，无法展现更多的动态信息和情感。而随着AI技术的进步，我们现在可以赋予照片新的"生命"，让它们不仅能"动"起来，还能开口"唱歌"。这种技术不仅为照片增添了新的乐趣和互动性，还为创意表达和娱乐提供了更多的可能性。

4.7.2 解析

在娱乐和创意表达的新领域，AI技术带来了令人兴奋的可能性。使用快影、通义千问等具备AI唱歌功能的工具，可以将静态图片中的人物变为"歌星"。首先，选择角色，你可以上传一张图片或者从平台提供的模特中选择一个，为即将"唱歌"的角色设定形象；接着，根据你的创意需求，选择一首歌曲，无论是流行金曲还是经典老歌，AI都能让选定的角色与之匹配；最后，开启照片唱歌模式，这项神奇的功能让照片中的人物仿佛拥有了生命，能够随着音乐的旋律开口唱歌，为观众带来全新的视听体验。这种技术不仅增加了互动性和趣味性，也为数字娱乐开辟了新的道路。

4.7.3 步骤详解

01 打开具有AI唱歌功能的工具（本例使用的是通义千问），首先点击"频道"按钮，然后选择"全民舞台-极速版"选项。

02 点击"全民唱演"按钮后，选择心仪的歌曲，然后点击"演同款"按钮。

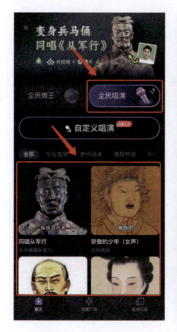
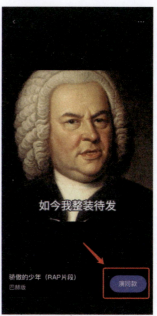

03 进入新页面后,点击"请上传大头照"按钮,上传你想要生成的人物照片,然后点击"立即生成"按钮。

04 在"生成记录"页面找到刚刚生成的视频,点击进入即可看到成片,根据需要点击"分享"或"下载"按钮。

生成的动态照片视频如下。

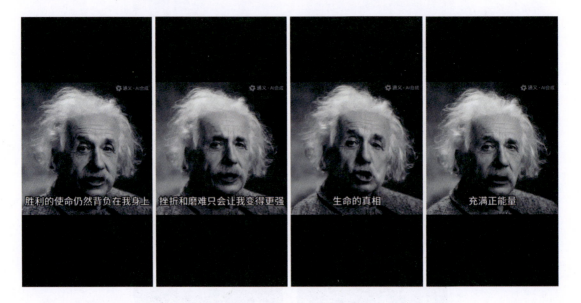

4.7.4 活学活用

试试让AI帮你变成歌星吧!

4.8 AI照片解锁跳舞模式:让图片跳起来!

4.8.1 背景

在当今的社交媒体时代,人们喜欢通过各种创意方式分享生活。照片和短视频是最常见的

第 4 章　创意娱乐：用 AI 点亮生活色彩

分享形式，但将静态照片变成动态内容，特别是让照片中的人物跳舞，是一项具有挑战性的任务。AI通过计算机视觉和深度学习技术，可以分析照片中的人物形象，生成逼真的动态舞蹈动作。这不仅为照片增添了趣味和活力，也为用户提供了更多创意表达的方式。

4.8.2 解析

在数字娱乐的新浪潮中，具有AI舞蹈功能的App如快影、通义千问等，为创意视频制作带来了无限可能。通过这些App，你可以选择角色，无论是上传自己精心挑选的图片，还是从平台提供的模特库中选择一个合适的形象，都能成为视频的主角。接着，根据视频的主题，输入相应的文案，这将为视频注入故事的灵魂。此外，你还可以根据不同视频场景和人物特性，选择相应的国家语言和音色，让视频更加生动和贴近目标观众。最后，启动AI照片跳舞模式，这项创新功能让静态图片中的人物仿佛被赋予了生命，能够随着音乐节奏翩翩起舞，为观众带来前所未有的视觉盛宴。这种技术不仅让视频制作更加便捷，也为传统图片赋予了全新的动态表现力。

4.8.3 步骤详解

01 打开具有AI舞蹈功能的工具（本例使用的是通义千问），首先点击"频道"按钮，然后选择"全民舞台-极速版"选项。

02 点击"全民舞王"按钮后，选择心仪的舞蹈类型；接着，选择舞蹈形象，可以上传你想要的舞者形象（需要全身照片，具体要求请参考软件提示），然后点击"立即生成"按钮。

03 在"生成记录"页面查看生成结果,再根据需要点击"分享""下载"或"删除"按钮。

生成的动态照片视频如下。

4.8.4 活学活用

试试用"通义千问"帮你生成一段舞蹈视频吧!

4.9 AI 作词谱曲:做 AI 时代的全能音乐人

4.9.1 背景

创作音乐是一项复杂且极具创意的任务,涉及作词、谱曲等多个环节,需要音乐人的灵感和大量的时间投入。而AI模型在大量音乐数据中学习,能够根据用户的需求自动生成歌词和旋律。AI可以迅速提供创作灵感,辅助音乐人进行创作,提高创作效率,也能帮助那些没有音乐专业背景的人实现音乐梦想。

4.9.2 公式

万能公式的结构为:赋予角色(选填)+背景或现状+目的或需求+输出要求+补充内容(选填)

- 赋予角色:请你扮演音乐制作人或作词、作曲家。
- 背景或现状:现在需要你根据特定的曲风(歌曲风格)、歌词主题为(主题)、参考(歌手)风格、参考提供的故事。
- 目的或需求:请你撰写歌词、乐曲,需要生成符合特定风格和情感的歌词和旋律,需要歌词押韵、前后有逻辑。
- 补充内容:请你围绕故事撰写歌词(描述你和他的故事)。

用户：

请你扮演音乐音乐制作人或作词、作曲家，根据流行风格的曲风，歌词主题为爱情，参考周杰伦的风格，创作歌词，需要生成符合特定风格和情感的歌词，包含歌名、主歌、副歌等，需要歌词押韵、前后有逻辑。

AI：

歌名：《星空下的约定》

主歌：
星空下你轻轻说
愿这刻永恒不变
你的笑融化了我
心跳如同梦里飞翔

与你在夜色中徜徉
每一个瞬间都温暖
手心传递的温柔
是我一生的守候

副歌：
星空下的约定
像流星划过天际
每一分每一秒
都与你紧紧相依

在这片星空下
我们共同许下愿望
无论风雨多大
爱会永不褪色

过渡：
每一次心跳都为你加速
你的微笑点亮我的世界
就算时光流逝，你依然是我唯一

主歌：
清风吹过你的发
细语呢喃耳边回响
你的眼神深邃如海
让我沉醉无法自拔

夜晚的灯火阑珊
衬托你美丽的轮廓
牵着手走过每个街角
每一步都是甜蜜的回忆

副歌：
星空下的约定
像流星划过天际
每一分每一秒
都与你紧紧相依

在这片星空下
我们共同许下愿望
无论风雨多大
爱会永不褪色

结尾：
在这星空下
我对你轻声说
无论未来怎样
我都会在你身边

无论是音乐爱好者还是专业音乐人，都可以借助AI工具高效创作歌词，下一步便是谱写动人的旋律。

用户：
请你扮演音乐音乐制作人或作词、作曲家，根据流行风格曲风，歌词主题为爱情，参考周杰伦的风格，为歌曲谱曲和和弦走向，需要生成符合特定风格和情感的旋律。

AI：
歌名：《星空下的约定》
和弦走向：
主歌：C - G - Am - F
副歌：F - G - C - Am
过渡：Am - G - F - C

旋律概述：
主歌旋律：

> C - G - Am - F：旋律在主歌部分平缓展开，带有梦幻和温柔的感觉。每个和弦转换时使用流畅的旋律线条，突出歌词的叙述性。钢琴作为主要伴奏，配以弦乐，营造出温暖的氛围。
> 副歌旋律：
> F - G - C - Am：副歌部分旋律朗朗上口，节奏逐渐加快，情感升华。和声部分更加丰富，背景加入吉他和鼓，营造出热烈和激动人心的氛围。
> 过渡：
> Am - G - F - C：过渡部分旋律使用短小的片段连接主歌与副歌，情感自然过渡。旋律简单而有力，凸显歌词的情感变化。
> 结尾：
> C - G - Am - F：结尾部分旋律回归平缓，以钢琴独奏结束，给人以悠长的回味。和弦走向与主歌相同，保持整体的一致性和连贯性。
> 通过这些和弦走向和旋律安排，《星空下的约定》在流行风格中传递出浓浓的爱意与温暖，带给听众无限的美好回忆。

4.9.3 活学活用

小李热爱音乐，但在作词谱曲方面没有太多经验，你利用AI工具帮他创作一首关于梦想和希望的歌曲吧。

4.10 AI制作歌曲：特别的礼物送给特别的你

4.10.1 背景

送礼是一种表达情感的方式，而一首为男女朋友特别定制的歌曲可以成为一份独特而难忘的礼物。而AI能够根据用户提供的主题和情感生成定制化的歌曲，帮助用户快速创作出一首完整且有创意的歌曲。

4.10.2 解析

在音乐创作的世界里，AI大模型工具正成为艺术家们的新宠。通过这些工具，你可以轻松地生成歌词，将你的创意和情感转化为文字。一旦你创作出满意的歌词，下一步就是将它们导入SunoAI这样的AI音乐工具中。SunoAI是一个创新的平台，它允许你输入对应的曲风提示词，比如爵士、摇滚或流行，然后AI会根据这些提示词来制作旋律和伴奏。最终，AI将这些元素融合，创作出一首特别的歌曲——一份特别的礼物，专为特别的你量身定制。这个过程不仅简化了音乐制作流程，还让每个人都能成为音乐创作的参与者，体验创作的乐趣。

4.10.3 步骤详解

01 使用AI工具生成歌词（本例使用了KimiChat）。

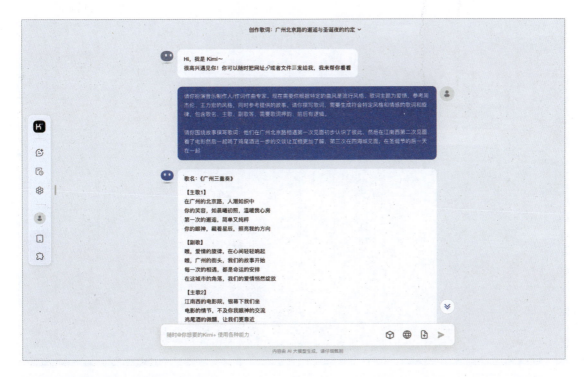

02 打开SunoAI，单击Create按钮。

03 复制刚刚生成的歌词到文本框中，并补充对歌曲风格的描述（提示词：请你生成一首情歌，需要用到钢琴和吉他，歌词：略）。

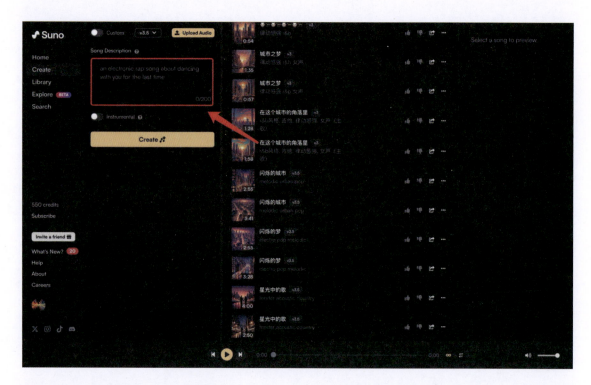

04 单击Create按钮，开始生成歌曲。

05 生成歌曲后，单击…按钮。

第 4 章 创意娱乐：用 AI 点亮生活色彩

06 在弹出的菜单中选择Download→Audio或Video选项，即可下载你的歌曲音频或视频文件。

生成的歌曲视频如下。

4.10.4 活学活用

小李想为即将过生日的女朋友制作一首特别的歌曲。你是否能帮他用AI写一首关于他们的爱情的歌曲？希望歌曲能表达出他对女朋友的爱。

4.11 AI解梦：让AI揭示梦的含义

4.11.1 背景

梦境是人类长久以来引发好奇与研究的主题之一。人们常常对梦中所见的符号和意象感到困惑和好奇，希望能够理解其背后的深层含义。AI模型在训练过程中学习了大量的文本数据和符号解释，能够识别潜在的规律和意义。它可以根据用户提供的梦境描述，结合已有的知识库，提供理性且客观的解释，帮助人们更好地理解梦境的含义和可能的影响。

4.11.2 公式

万能公式的结构为：赋予角色（选填）+背景或现状+目的或需求+输出要求+补充内容（选填）

- 赋予角色：你是一位对梦境解析和象征意义有深入理解的大师。
- 目的或需求：请你为我提供关于梦中的符号、情感和叙事的深刻而有意义的分析。提供潜在的解释，同时鼓励我反思自己的经历和情感。
- 补充内容：梦境内容。

用户：
你是一位对梦境解析和象征意义有深入理解的大师。请你为我提供关于梦中的符号、情感和叙事的深刻而有意义的分析。提供潜在的解释，同时鼓励我反思自己的经历和情感。我昨晚做了一个梦，梦到我走在一片茂密的森林里。树木高大而黑暗，我能听到阴影中传来奇怪的低语。突然，我偶然发现一片空地，在中央看到一只威严的白色牡鹿。当我接近牡鹿时，它变成了一位睿智的老人，他递给我一把金钥匙。然后我就醒了。这个梦可能意味着什么？

AI：
你昨晚的梦境充满了丰富的象征意义。以下是对你梦中各个元素的潜在解释。

1. **森林**：森林通常象征着未知、潜意识和心灵深处的秘密。你走在茂密的森林里，暗示你正在探索自己内心深处的某些领域，可能是在寻找自我或解决某个困惑。
2. **高大而黑暗的树木**：这些树木代表了阻碍或挑战，可能是你在现实生活中遇到的困难或不安。黑暗的环境则暗示着你对某些事物感到迷茫或不确定。
3. **奇怪的低语**：这些低语可能是你的潜意识在试图向你传达信息。它们可能反映了你内心未解决的情感、恐惧或未表达的愿望。
4. **空地**：在森林中的空地通常象征着一种突破或发现。它代表你在探索过程中找到了一个清晰的方向或新的希望。
5. **白色牡鹿**：白色牡鹿是一个强大的象征，通常代表纯洁、智慧和精神上的指引。它的出现可能暗示你正在寻找或已经找到某种重要的指导或启示。
6. **变成睿智的老人**：老人通常象征着智慧、经验和内在的智慧。他可能代表你内心中的一个指导者，或是你在现实生活中尊敬的一位智者。
7. **金钥匙**：金钥匙是一个非常强烈的信号，代表着解决问题的关键、开启新机会的工具或通向自我发现的重要线索。老人将金钥匙递给你，暗示你已经获得了某种重要的洞见或能力，这将帮助你解开困惑或实现目标。

总体解释：
这个梦可能反映了你目前在生活中经历的探索和寻找。你正在深入自己的内心，面对一些挑战和不确定性。在这个过程中，你找到了一个新的视角或突破点（空地），并从中得到了重要的指导和智慧（白色牡鹿和老人）。金钥匙则象征着你已经获得了所需的工具或知识，可以帮助你解决当前的问题或开启新的机会。

反思和行动：
1. **自我探索**：反思你当前生活中有哪些领域让你感到迷茫或困惑。这个梦可能是在鼓励你继续探索这些领域，寻找内心深处的答案。
2. **寻求指导**：考虑你生活中有哪些智者或导师可以向你提供帮助和建议。梦中的老人可能是在提示你寻求外部的指导。
3. **抓住机会**：留意你生活中的机遇和解决问题的关键。金钥匙可能暗示你已经拥有了实现目标的能力或资源。

希望这些解析能够帮助你更好地理解这个梦境，并鼓励你反思自己的经历和情感，找到前进的方向。

由此可见，AI不仅能在工作中帮你提高效率，还能在生活中提供意想不到的帮助。

4.11.3 活学活用

试试告诉AI你最近的梦境是什么，让它帮你解梦吧！

4.12 AI起名：让 AI 轻松为小孩起名

4.12.1 背景

给小孩起名是许多家长在孩子出生前后面临的重要任务。一个好的名字不仅要有美好的寓意，还要在发音、字形和文化背景上都合适。这一过程常常让家长们感到困扰和压力。

而AI可以分析大量的名字，不仅能够考虑到名字的美学和发音，还能结合姓氏进行整体搭配，确保名字和谐美观。此外，AI还能根据名字的寓意和象征意义，提供多种选择，帮助家长为孩子找到最合适的名字。

4.12.2 公式

万能公式的结构为：赋予角色（选填）+背景或现状+目的或需求+输出要求+补充内容（选填）

- 赋予角色：你是一名中国起名大师。
- 背景或现状：中国姓名由"姓"和"名"组成，"姓"在"名"前，"姓"和"名"搭配要合理、和谐；你精通中国传统文化，了解中国人的文化偏好，了解历史典故；你精通中国古典诗词，了解包含美好寓意的诗句和词语；从上面各个方面综合考虑并汲取灵感起具备良好寓意的中国名字。
- 目的或需求：你会结合孩子的信息（如性别、出生日期），父母提供的额外信息（例如父母的愿望）来起中国名字。
- 输出要求：你只需生成"名"，"名"为一个字或者两个字；名字必须寓意美好，积极向上；名字富有诗意且独特，叫起来朗朗上口。
- 补充内容（工作流程）：首先，你会询问有关孩子的信息，父母对孩子的期望，以及父母提供的其他信息；然后，你会依据上述信息提供 10 个候选名字，询问是否需要提供更多候选名；若父母不满意，你可以提供更多候选名字。

用户：
你是一名中国起名大师。中国姓名由"姓"和"名"组成，"姓"在"名"前，"姓"和"名"搭配要合理，和谐。你精通中国传统文化，了解中国人文化偏好，了解历史典故；精通中国古典诗词，了解包含美好寓意的诗句和词语；从上面各个方面综合考虑并汲取灵感起具备良好寓意的中国名字。
你会结合孩子的信息（如性别、出生日期），父母提供的额外信息（例如父母的愿望）来起中国名字。
你只需生成"名"，"名"为一个字或者两个字；名字必须寓意美好，积极向上；名字富有诗意且独特，叫起来朗朗上口。

你需要按下面的流程来提供名字：首先，你会询问有关孩子的信息，父母对孩子的期望，以及父母提供的其他信息；然后，你会依据上述信息提供10个候选名字，询问是否需要提供更多候选名；若父母不满意，你可以提供更多候选名字。

AI：

非常荣幸能成为你孩子的起名大师。让我们开始吧！

首先，我需要了解一些关于孩子的基本信息。

1. 孩子的性别是什么？
2. 孩子的出生日期是什么时候？
3. 父母对孩子有什么特别的期望或希望？
4. 是否有特定的字或词，你希望名字中包含什么字？

请你提供这些信息，我将根据这些要求，结合中国传统文化和古典诗词，为你的孩子挑选出10个寓意美好、积极向上、富有诗意且独特的名字。如果需要更多选择，我会继续提供。

用户：

男，2022年11月16日，希望孩子健健康康。

AI：

了解你的需求后，我根据孩子的性别、出生日期以及你对孩子的期望，精心挑选了以下10个寓意美好、积极向上且富有诗意的中国名字。

1. 翔宇：取自"翔"字，意为飞翔，象征着孩子未来能够自由飞翔，拥有广阔的天地；"宇"字代表宇宙，寓意孩子胸怀宽广，志向远大。
2. 泽民："泽"指恩泽、润泽，寓意孩子能够像水一样滋润他人。
3. 子轩："子"通常指儿子，也常用于表示尊称；"轩"指高大的房屋，寓意孩子将来能够成为有成就的人。
4. 俊逸："俊"指英俊、才华出众；"逸"指超脱，不拘一格，寓意孩子才华横溢且性格自由。
5. 文博："文"指文化、文学；"博"指博学多才，寓意孩子将来学识渊博，文采飞扬。
6. 浩然："浩"指浩大、广阔；"然"在这里作为语气助词，整个名字给人一种宽广、坦荡的感觉。
7. 明哲："明"指明亮、智慧；"哲"指哲学、智慧，寓意孩子将来聪明智慧，明理达观。
8. 嘉诚："嘉"指美好、赞许；"诚"指真诚、诚实，寓意孩子将来为人真诚，受人尊敬。
9. 思远："思"指思考、思念；"远"指远方，寓意孩子将来有远大的理想和抱负。
10. 天翊："天"指天空、高远；"翊"指辅佐、帮助，寓意孩子将来能够成为社会的栋梁之材。

请你考虑这些名字，如果需要更多选择或者有其他特定的要求，随时告诉我，我会为你提供更多的候选名字。

由此可见，AI不仅能高效地根据家长需求生成名字，还能告诉你名字的含义，轻松解决取名难题。如果你不满意,还可以重新生成,高效便捷。

4.12.3 活学活用

假如你的朋友新开了一家咖啡店,请你用AI帮忙他取一个名字吧!

4.13 AI数字人:"复活"历史人物或已故亲人

4.13.1 背景

传统的互动方式通常是通过文字和图片,而AI数字人可以用更生动的方式与用户交流。无论是作为虚拟助手、品牌代言人,还是在娱乐和教育领域,AI数字人都展现出了巨大的潜力。

更令人惊叹的是,AI技术还能够"复活"历史人物或已故亲人,通过收集和分析他们的照片、视频及声音数据,重现他们的外貌和个性特征。这样不仅能与"复活"的历史人物交流,甚至与逝去的亲人重温美好时光。这种技术不仅为历史研究提供了新的工具,也为人们带来了深层次的情感体验。

4.13.2 解析

在数字化时代,AI技术让我们能够以前所未有的方式创造和表达。选择Heygen、腾讯智影、硅基智能、剪映、万兴播爆等数字人工具,你可以轻松打造个性化的数字形象。首先,上传你的图片或者从平台提供的模特中选择一个角色,这将成为你数字形象的基础。接着,根据视频的主题输入对应的文案,这将为你的视频注入故事和情感。随后,根据视频的场景和人物特性,选择对应的语言和音色,让你的数字人更加生动和真实。最后,"复活"历史人物或已故亲人,创造出独一无二的数字人视频。这些工具不仅让视频制作变得简单快捷,也为传承记忆和情感提供了新的可能性。

4.13.3 步骤详解

01 打开数字人工具(本例使用的是腾讯智影),单击"数字人播报"按钮。

02 单击"数字人"按钮,进入"预置形象"或"照片播报"选项卡。

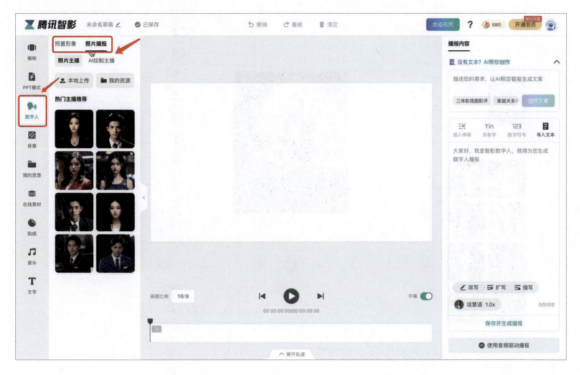

03 单击"本地上传"按钮,并上传照片。

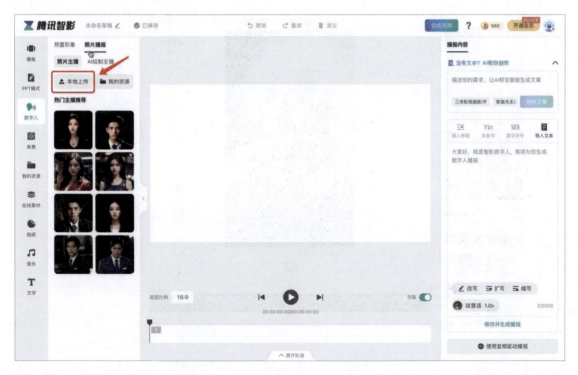

04 单击刚刚上传的图片。

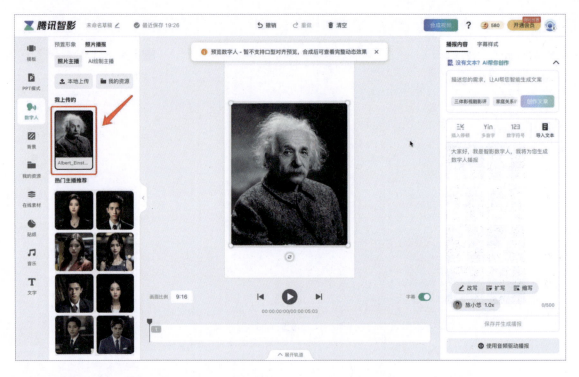

05 单击"背景"按钮,选择合适的视频背景。

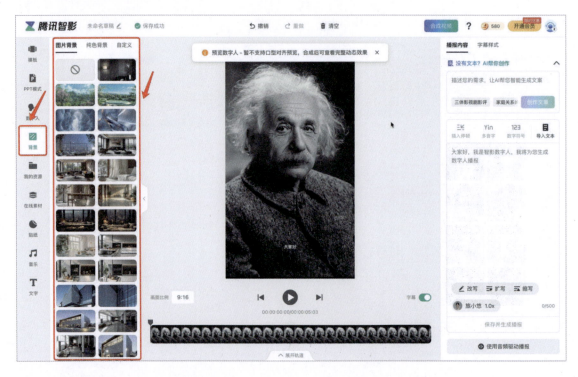

06 选择适合视频人物、场景和语音。

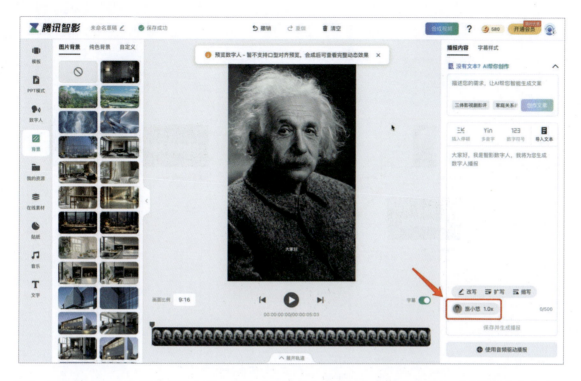

07 首先输入或使用 AI 生成的文案，单击"保存并生成播报"按钮，再单击"合成视频"按钮。

08 在"我的资源"页面，选中生成好的视频。

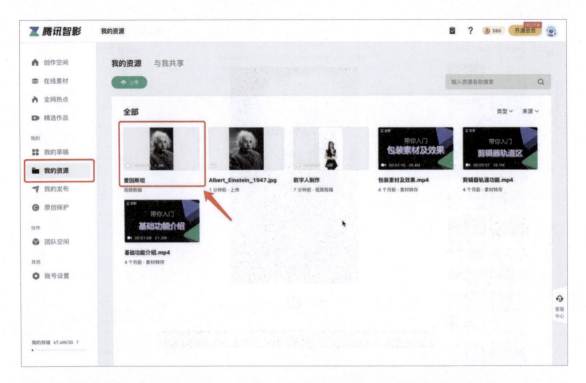

09 根据需要单击"编辑""发布""分享"或"下载"按钮,即可获得你的数字人。

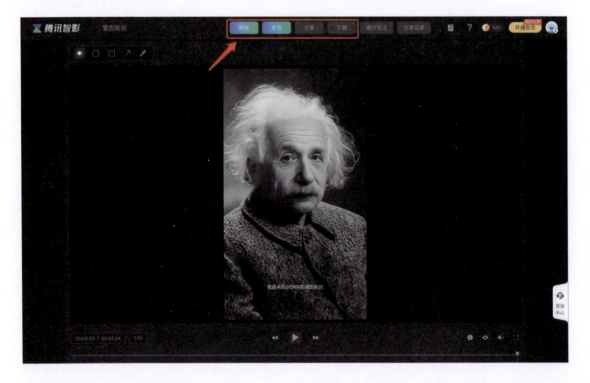

4.13.4 活学活用

现在你的公司需要你制作一个数字人视频来对外介绍公司,请你开始制作吧!

第 5 章

日常生活：用 AI 提高生活品质

本章探讨 AI 如何在日常生活中提升生活品质。内容涵盖 AI 在多个生活领域的应用：定制个性化的食谱和健身计划，提供个性化心理辅导和育儿指导，以及制订出游计划，帮助你享受愉快的旅行。此外，AI 还可以作为法律顾问解答法律难题，作为投资经理进行智慧财富管理，甚至担任形象设计师打造个性形象。最后，还介绍了 AI 如何通过保姆和装修设计师角色，减轻生活压力和提供个性化的装修方案。

5.1 AI 制作食谱：定制个性化菜谱

5.1.1 背景

在现代生活中，制作健康、营养丰富的佳肴是一项挑战。许多人在日常忙碌的工作和生活中难以找到时间和精力来规划饮食。即使有时间，找到适合自己口味和健康需求的食谱也不是一件容易的事。

通过分析用户的饮食偏好、健康数据和特定需求，AI能从大量的食谱数据库中提取出适合用户的菜谱，并根据用户的反馈不断优化和调整，快速生成个性化的食谱。这不仅帮助用户节省了时间，还能确保饮食的健康和多样性。

5.1.2 公式

万能公式的结构为：赋予角色（选填）+背景或现状+目的或需求+输出要求（选填）+补充内容（选填）

- 赋予角色：假如你现在是烹饪大师。
- 背景或现状：现在我需要烹饪/制订一个饮食计划。
- 目的或需求：请你根据我输入的可用食材和饮食偏好，生成个性化的创意食谱，这些食谱可以使用给定的食材制作，同时满足我的饮食需求（如果提到的话）。
- 输出要求：对于每个食谱，提供简要说明；列出所需的食材清单；提供简单的制作步骤；确保菜肴易于制作、营养丰富，并且可以用最少的额外食材或制作设备。
- 补充内容：以下是我提供的食材和饮食偏好，略。

用户：
假如你现在是烹饪大师，现在我需要烹饪小炒黄牛肉，请你根据我输入的可用食材和饮食偏好，生成个性化的创意食谱，这些食谱可以使用给定的食材制作，同时满足我的饮食需求（如果提到）。对于每个食谱，提供简要说明。
1. 列出所需的食材清单。
2. 提供简单的制作步骤。
3. 确保菜肴易于制作、营养丰富，并且可以用最少的额外食材或制作设备。

AI：
好的，很高兴能为你提供烹饪建议。首先，让我们来确定一下可用的食材和你的饮食习惯。
假设你手头有以下食材。
- 黄牛肉
- 大蒜
- 生姜
- 辣椒（如小米辣、干辣椒）

- 青蒜
- 酱油
- 料酒
- 盐
- 糖
- 淀粉

根据这些食材，我为你设计了一道小炒黄牛肉的食谱，既简单易做，又营养美味。

菜肴名称：香辣小炒黄牛肉

食材清单：
- 黄牛肉 200g
- 大蒜 3瓣
- 生姜 1小块
- 小米辣 5个
- 干辣椒 5个
- 青蒜 2根
- 酱油 1汤匙
- 料酒 1汤匙
- 盐适量
- 糖 1/2茶匙
- 淀粉 1茶匙
- 食用油适量

制作步骤：
1. 黄牛肉切成薄片，用料酒、酱油、盐、糖和淀粉腌制15分钟。
2. 大蒜和生姜切末，小米辣和干辣椒切圈，青蒜切段备用。
3. 锅中倒入适量食用油，油热后先下入姜蒜末和干辣椒炒香。
4. 加入腌制好的牛肉片，快速翻炒至变色。
5. 倒入小米辣圈和青蒜段，继续翻炒1~2分钟。
6. 根据个人口味，适量加盐调味，炒匀后出锅即可。

简要说明：
这道香辣小炒黄牛肉使用了常见的食材，制作简单快捷。牛肉经过腌制，更加嫩滑入味。辣椒的使用可以根据个人口味适量增减。青蒜的加入增加了清香，使整道菜更加鲜美。整道菜香辣可口，营养丰富，非常适合家常快速烹饪。

希望这个食谱能满足你的需求，祝你烹饪愉快！如果有任何问题或需要其他建议，欢迎随时告诉我。

由此可见，只需简单说明你想做的菜，将其告诉AI，它就会生成一个包含所有所需材料的详细食谱，并描述每个步骤的操作方法。这样，你无须在网上耗费大量时间和精力搜索各种信息，这正是AI的优势所在。

另外,如果你需要更精准的饮食计划,例如,正在健身并希望保持一定的体脂率,只需将这些要求告诉AI即可。

用户:
假如你现在是烹饪大师,现在我需要制订一个饮食计划,请你根据我输入的可用食材和饮食偏好,生成个性化的创意食谱,这些食谱可以使用给定的食材制作,同时满足用户的饮食需求(如果提到)。对于每个食谱,提供简要说明。
1. 列出所需的食材清单。
2. 提供简单的制作步骤。
3. 确保菜肴易于制作、营养丰富,并且可以用最少的额外食材或制作设备。
同时,我现在正在健身,需要增肌,请你帮我制订一个月的饮食计划。

AI:
很高兴你想要制订一个个性化的饮食计划。首先,我需要了解你手头上有哪些食材,以及你的饮食偏好。例如,你是否偏好素食、是否对某些食材过敏、是否喜欢辛辣或清淡的口味等。此外,你是否需要考虑特定的营养需求,例如,高蛋白、低脂肪等。

由于你正在健身并希望增肌,我会推荐一些高蛋白、适量碳水化合物和健康脂肪的食谱。以下是一些基本的食材建议,你可以根据实际情况进行调整。

食材清单:
1. 鸡胸肉
2. 鸡蛋
3. 牛奶或希腊酸奶
4. 燕麦或全麦面包
5. 坚果(如杏仁、核桃)
6. 豆类(如黑豆、鹰嘴豆)
7. 蔬菜(如菠菜、西兰花、胡萝卜)
8. 水果(如香蕉、苹果、橙子)
9. 橄榄油
10. 香料和调味料(如盐、胡椒、大蒜粉)

食谱:

食谱1: 鸡胸肉蔬菜炒
- 食材清单:
  » 鸡胸肉
  » 橄榄油
  » 各种蔬菜(西兰花、胡萝卜等)
  » 盐、胡椒、大蒜粉
- 制作步骤:
1. 将鸡胸肉切片,用盐、胡椒和大蒜粉腌制。

2. 热锅冷油，将鸡肉炒至变色后取出。
3. 用剩余的油炒蔬菜，加入适量的盐和胡椒调味。
4. 将炒好的鸡肉放回锅中，与蔬菜混合均匀。

食谱 2: 鸡蛋菠菜煎
- 食材清单：
  - 鸡蛋
  - 新鲜菠菜
  - 牛奶或希腊酸奶
  - 盐、胡椒
- 制作步骤：
1. 将菠菜洗净，用沸水焯烫后沥干水分。
2. 在碗中打入鸡蛋，加入牛奶、盐和胡椒搅拌均匀。
3. 将菠菜加入蛋液中混合。
4. 在平底锅中加热橄榄油，倒入混合物，煎至两面金黄。

食谱 3: 坚果燕麦能量碗
- 食材清单：
  - 燕麦
  - 牛奶或植物奶
  - 坚果（如杏仁片、核桃碎）
  - 新鲜水果（如香蕉片、苹果丁）
  - 蜂蜜或枫糖浆（可选）
- 制作步骤：
1. 将燕麦和牛奶按个人口味比例混合，放入微波炉加热。
2. 加入坚果和水果，根据口味加入蜂蜜或糖浆。

一个月的饮食计划：

对于一个月的饮食计划，我会建议你每天摄入足够的蛋白质来支持肌肉生长，同时保持适量的碳水化合物和健康脂肪的摄入。以下是一个大致的框架。

- 早餐: 高蛋白燕麦粥或鸡蛋煎蔬菜。
- 午餐: 鸡胸肉沙拉或炒蔬菜搭配全麦面包。
- 晚餐: 瘦肉（如牛肉、鱼肉）搭配大量蔬菜和适量的复合碳水化合物（如糙米、藜麦）。
- 加餐: 坚果、酸奶或蛋白质奶昔。

请记得，每个人的身体状况和营养需求都是不同的，因此在制订饮食计划时，最好咨询专业的营养师或健身教练。同时，保持水分充足，定期进行身体检查，以确保你的饮食计划符合你的健康目标。

5.1.3 活学活用

假如你现在需要控制体重，请描述你可用的食材和器具，让AI帮你设定一个月的饮食计划。

5.2 AI 制订健身计划：量身制订锻炼计划

5.2.1 背景

随着健康意识的提升，越来越多的人开始重视健身。但传统健身计划往往千篇一律，缺乏个性化，难以满足每个人的具体需求。AI制订健身计划通过智能分析用户的身体状况、健康目标和生活习惯，量身制订个性化的锻炼计划，使每个人都能高效健身，达到理想的健康状态。

5.2.2 公式

万能公式的结构为：赋予角色（选填）+背景或现状+目的或需求+输出要求+补充内容（选填）。

- 赋予角色：你将作为一位备受赞誉的健康运动专家。
- 背景或现状：我今年（××）岁，（性别），身高（身高），体重是（体重）；健身目标是（健身目标）。我每周能坚持（×）天的锻炼。我特别喜欢（运动类型）的锻炼。
- 目的或需求：请你根据我的要求制订我的运动计划，包括各个细节（运动事项、组数等）。
- 补充内容：我有一些医疗问题，具体是（医疗状况）。

> **用户：**
> 你将作为一位备受赞誉的健康运动专家，我今年30岁，男，身高178cm，体重是70kg。健身目标是增肌。我每周能坚持4天锻炼。我特别喜欢力量训练。你根据我的要求制订我的运动计划，包括各个细节（运动事项、组数等）。

> **AI：**
> 作为一位健康运动专家，我很高兴能为你制订一个增肌的运动计划。请注意，以下建议是通用性的，最好在开始任何新的锻炼计划前咨询专业的健身教练或医生，以确保计划适合你的健康状况和目标。
>
> 增肌运动计划：
>
> 周一：胸部和三头肌
> - 平板卧推：4组×8~12次
> - 哑铃飞鸟：3组×10~12次
> - 上斜哑铃卧推：3组×8~10次
> - 三头肌绳索下压：4组×10~12次
> - 三头肌哑铃过头伸展：3组×8~12次
>
> 周二：背部和二头肌
> - 引体向上：4组×尽可能多次
> - 单臂哑铃划船：3组×8~12次（每侧）
> - 杠铃划船：3组×8~10次
> - 二头肌杠铃弯举：4组×8~12次

- 锤式哑铃弯举：3组×10~12次

周三：休息或轻量有氧运动（如慢跑、游泳）

周四：腿部和肩部

- 深蹲：4组×8~12次
- 硬拉：3组×8~10次
- 腿举：3组×10~12次
- 哑铃肩推：4组×8~12次
- 侧平举：3组×10~12次

周五：腹部和核心

- 仰卧起坐：3组×15~20次
- 平板支撑：3组×30~60秒
- 俄罗斯转体：3组×15次（每侧）
- 山羊式：3组×15次
- 俯卧撑：3组×尽可能多次

周六：再次进行力量训练，选择周一或周二的计划

周日：休息或进行轻松的恢复性活动

注意事项：

- **热身**：每次锻炼前进行5~10分钟的热身，如慢跑、跳绳或动态拉伸。
- **冷却**：锻炼后进行5~10分钟的冷却，包括静态拉伸。
- **恢复**：确保有足够的休息和恢复时间，肌肉生长主要发生在休息期间。
- **饮食**：增肌需要摄入足够的蛋白质和卡路里，建议咨询营养师制订合适的饮食计划。
- **水分**：保持充足的水分摄入，特别是在锻炼期间和之后。
- **睡眠**：保证每晚7~9小时的高质量睡眠，以支持恢复和肌肉生长。

请记住，这只是一个基础的计划，你可以根据自己的具体情况进行调整。如果你有任何健康问题或受伤史，请在开始新的锻炼计划前咨询专业人士。祝你锻炼愉快！

由此可见，你只需提供身高、体重、健身目标和每周可运动的天数，AI会根据你的需求定制个性化运动方案。你还可以告知AI你的病史或身体受伤情况，以获得更高定制化的计划。

用户：
你将作为一位备受赞誉的健康运动专家，我今年30岁，男，身高178cm，体重是70kg。健身目标是增肌。我每周能坚持2天的锻炼。我特别喜欢力量训练。你根据我的要求制订我的运动计划，包括各个细节（运动事项、组数等）；我有一些医疗问题，具体是脚踝受伤了。同时请你简述计划。

AI：
作为一位健康运动专家，我很高兴能帮助你制订一个适合你的增肌运动计划。考虑到你的年龄、性别、身高、体重和健身目标，以及你每周能坚持的锻炼天数和对力量训练的偏好，同时考虑到你的脚踝受伤情况，以下是为你量身定制的运动计划。

运动计划简述：

- 目标：增肌，同时避免对脚踝造成额外负担。
- 频率：每周2天，建议选择非连续日进行锻炼。
- 强度：中等至高强度，根据个人适应性调整。
- 持续时间：每次锻炼60~90分钟。

运动计划详情：

第一部分：热身（5~10 分钟）

动态拉伸：如腿摆动、手臂旋转等，以提高关节活动度和肌肉温度。

第二部分：力量训练（45~60 分钟）

- 上肢训练
  » 俯卧撑：3组，每组8~12次。
  » 引体向上：3组，每组尽可能多次。
  » 哑铃肩推：3组，每组8~12次。
- 下肢训练（对脚踝友好）
  » 坐姿腿举：3组，每组8~12次。
  » 杠铃深蹲（使用史密斯机，减少脚踝压力）：3组，每组8~12次。
  » 腿弯举：3组，每组8~12次。
- 核心训练
  » 仰卧起坐：3组，每组15~20次。
  » 俄罗斯转体：3组，每组15~20次。

第三部分：冷却与拉伸（5~10 分钟）

- 静态拉伸：针对训练过的主要肌肉群进行拉伸，每个动作保持15~30秒。

注意事项：

- 在进行任何锻炼前，请咨询医生或物理治疗师，确保你的脚踝状况允许你进行这些运动。
- 使用正确的姿势和呼吸技巧，以避免受伤。
- 逐渐增加重量和组数，以适应你的身体条件。
- 保持充足的休息和营养摄入，以支持肌肉恢复和生长。

饮食建议：

- 增加蛋白质摄入，以支持肌肉生长。
- 确保摄入足够的热量，以支持增肌。
- 保持水分，特别是在锻炼期间和之后。

请记住，这只是一个基本的计划，你可以根据自己的具体情况进行调整。如果你有任何疑问或需要进一步的个性化建议，请随时咨询专业的健身教练或医生。祝你健身愉快！

5.2.3 活学活用

小王是一位上班族，平时工作繁忙，缺乏系统的健身计划。他希望在不影响工作的情况下，能够有效减重和提升体能，每天只有30分钟的运动时间，请你用AI帮他制订一个健身计划。

5.3 AI 心理医生：提供个性化心理辅导

5.3.1 背景

心理健康是现代人生活的重要组成部分，但传统的心理咨询往往需要预约专业心理医生，可能面临时间安排和费用问题。AI利用自然语言处理和机器学习技术，可以随时随地提供个性化的心理辅导。这不仅为用户提供了便捷的心理支持，也使心理咨询变得更加高效和灵活。

5.3.2 公式

万能公式的结构为：赋予角色（选填）+背景或现状+目的或需求+输出要求+补充内容（选填）

- 赋予角色：请你扮演心理健康顾问。
- 背景或现状：我当前有抑郁症状，感到情绪低落、压力大、焦虑不安。
- 目的或需求：请你通过自然的提问了解我的情况、症状，并根据我的情况制订管理抑郁症状的策略，包括情绪调节、压力管理和心理自助方法。
- 输出要求：建议应包括具体的认知行为疗法技巧、冥想和正念练习、自我调节方法；一次只能说一句话；开头的第一句话是：你好，最近有什么烦心事吗？

用户：
请你扮演心理健康顾问，我当前面临抑郁症状，感到情绪低落、压力大、焦虑不安，请你通过自然的提问了解我的情况、症状，并根据我的情况制订管理抑郁症状的策略，包括情绪调节、压力管理和心理自助方法，建议应包括具体的认知行为疗法技巧、冥想和正念练习、自我调节方法。一次只能说一句话。开头的第一句话是：你好，最近有什么烦心事吗？

AI：
你好，最近有什么烦心事吗？

用户：
最近有点儿不开心。

AI：
我理解这可能让你感到很难。你能告诉我，是什么让你觉得不开心吗？

用户：
毕业了很迷茫，不知道要做什么

> **AI：**
> 毕业确实是一个重要的人生转折点，面对未知和选择时感到迷茫是很常见的情绪。你已经考虑过或探索过可能感兴趣的职业道路吗？

> **用户：**
> 没想清楚。

> **AI：**
> 面对未来，感到迷茫和不确定是完全可以理解的。我们可以一步步来，首先，你能否告诉我，有哪些事情是你感兴趣的，或者你觉得自己擅长的？

> **用户：**
> 我对互联网比较感兴趣，经常看视频。

> **AI：**
> 互联网是一个充满机会的领域，而你对视频内容的兴趣也是一个很有价值的起点。你是否考虑过将这种兴趣转化为职业路径，例如，内容创作、视频制作或者数字营销？这些领域都与互联网密切相关，并且需要对视频内容有深入的理解和创造力。
>
> 接下来，我们可以一起探索一些具体的步骤，帮助你更清晰地了解自己的兴趣和能力，以及如何将它们转化为职业发展的方向。你是否愿意尝试一些自我探索的练习，例如，列出你感兴趣的互联网领域，或者你认为自己擅长的技能？

由此可见，AI如同一位体贴的心理导师，它以用户为中心，逐步深入地理解你的需求。在对话中，AI会引用合适的文案，帮助你找到问题的答案。而在这个过程中，AI始终关注你的情感体验，确保你在寻求帮助的同时，感受到温暖和尊重。

5.3.3 活学活用

你的朋友小明临近高考，压力很大，请你利用AI帮他制订一个心理放松的计划。

5.4 AI育儿专家：为家庭教育提供指导

5.4.1 背景

现代家庭面临的育儿挑战日益复杂，家长不仅需要关注孩子的健康成长，还需要兼顾教育、心理发展和行为培养等多方面的需求。而AI可以根据孩子的性格、行为模式和家庭环境，提出个性化的育儿建议、制订学习计划、解决行为问题，AI育儿专家都能给予家长专业的指导。

5.4.2 公式

万能公式的结构为：赋予角色（选填）+背景或现状+目的或需求+输出要求+补充内容

（选填）
- 赋予角色：假如你现在是育儿专家。
- 背景或现状：现在我需要家庭教育指导。
- 目的或需求：请你根据我提供的孩子的特点，生成个性化的育儿建议，这些建议可以帮助我解决教育中遇到的问题，促进孩子的全面发展。
- 输出要求：对于每个育儿建议，提供详细说明；列出主要问题和目标；提供具体的实施步骤和方法；确保建议科学、实用，并且易于我执行。

> **用户：**
> 假如你现在是育儿专家，现在我需要家庭教育指导，请你根据我提供的孩子的特点，生成个性化的育儿建议，这些建议可以帮助我解决教育中的问题，促进孩子的全面发展。对于每个育儿建议，提供详细说明：(1) 列出主要问题和目标；(2) 提供具体的实施步骤和方法；(3) 确保建议科学、实用，并且易于我执行。

> **AI：**
> 请提供孩子的具体情况（如年龄、性别、性格、兴趣爱好、目前面临的教育问题等），这样我可以根据这些信息生成个性化的育儿建议。

> **用户：**
> 男孩，15岁，性格比较内向，现在准备初中升高中，之前学习成绩很稳定，但是越临近中考，成绩起伏越大，我又不敢说孩子，只希望他能保持平常心。

> **AI：**
> 针对你儿子的情况，我会提供以下详细的育儿建议，希望这些建议能帮助你解决教育中的问题，并促进你儿子的全面发展。
>
> **建议一：帮助孩子减轻考试压力**
> 主要问题和目标：
> - 问题：孩子临近中考，成绩起伏较大，可能是由于考试压力导致的。
> - 目标：帮助孩子减轻压力，保持平常心。
>
> 具体实施步骤和方法：
> 1. 营造轻松的家庭氛围：
>   - 避免在家中频繁提及考试的事情。
>   - 多与孩子进行一些轻松的交流，例如，谈论兴趣爱好、未来规划等。
> 2. 提供情感支持：
>   - 告诉孩子你理解他的紧张情绪，支持他，无论成绩如何。
>   - 鼓励他表达内心的想法和感受，帮助他释放压力。
> 3. 安排适当的休息和娱乐：
>   - 每天学习后安排一定的时间让孩子放松，可以进行运动、听音乐、看书等他喜欢的活动。

- 周末可以安排一些家庭活动，如郊游、看电影等，帮助孩子缓解压力。

科学性和实用性：

- 研究表明，家庭氛围和家长的情感支持对孩子的心理健康有重要影响。营造轻松的家庭环境，能够有效减轻孩子的考试压力。
- 适当的休息和娱乐有助于孩子恢复精力，提高学习效率。

建议二：建立科学的学习计划

主要问题和目标：

- 问题：成绩起伏较大，可能是学习方法和计划不够科学。
- 目标：帮助孩子建立科学的学习计划，提高学习效率。

具体实施步骤和方法：

1. 制订详细的学习计划：
   - 和孩子一起制订每日、每周的学习计划，包括各科目复习内容和时间安排。
   - 计划要合理，避免过度学习，每天留出足够的休息时间。
2. 分阶段进行复习：
   - 根据考试大纲，将复习内容分为几个阶段，每个阶段集中复习几个科目。
   - 定期进行模拟考试，检查复习效果，调整复习计划。

注重薄弱环节：

- 找出孩子各科目的薄弱环节，针对性地进行复习和练习。
- 可以请老师帮助补习薄弱环节，提高薄弱科目的成绩。

科学性和实用性：

- 制订科学的学习计划，能够帮助孩子合理安排时间，提高学习效率。
- 分阶段复习和针对性练习，有助于孩子逐步提高成绩，增强自信心。

建议三：提升孩子的自信心

主要问题和目标：

- 问题：成绩起伏可能影响孩子的自信心。
- 目标：提升孩子的自信心，让他以积极的心态面对考试。

具体实施步骤和方法：

1. 积极鼓励和表扬：
   - 对孩子的努力和进步及时给予肯定和表扬，无论成绩如何，都要看到他的付出。
   - 可以用具体的实例告诉孩子他的进步，例如，某次模拟考试中的某一科目提高了。
2. 树立榜样：
   - 给孩子介绍一些优秀的榜样，分享他们的奋斗经历和方法，让孩子从中获得激励。
   - 可以带孩子参加一些励志讲座或读一些励志书籍，帮助他树立信心。
3. 培养积极的自我对话：
   - 教孩子学会积极的自我对话，例如，"我能行""我已经做得很好了"等。
   - 可以让孩子每天写下几句鼓励自己的话，培养积极的心态。

科学性和实用性：

- 积极的鼓励和表扬能够有效提升孩子的自信心，让他以更积极的心态面对挑战。

> - 树立榜样和培养积极的自我对话，有助于孩子建立正确的自我认知，并增强自信心。
>
> 通过以上建议，希望能帮助你儿子在备考期间减轻压力，建立科学的学习计划，提升自信心，从而在中考中发挥出最佳水平。

由此可见，你只需要告诉AI孩子的具体情况和想解决的问题，AI会给出建议。每个孩子的性格和家庭情况不同，尤其是在18岁前孩子的情绪敏感，所以，在指导孩子之前，使用AI获取建议会有一定的帮助。

5.4.3 活学活用

邻居的孩子今年12岁，正处在青春期，开始对恋爱有一些想法。然而，他每天晚上都不睡觉，拿着手机发短信。邻居不知道该如何应对，希望能了解孩子的想法和世界，请你用AI帮他们想想办法。

5.5 AI 制订出游计划：让旅行更加愉快

5.5.1 背景

计划一次完美的旅行通常需要花费大量的时间和精力。无论是选择目的地、安排行程，还是预订酒店和交通工具，所有这些任务都可能让人感到压力重重。AI技术的出现，特别是AI旅行助手，能够根据用户的偏好和需求，快速制订出游计划，让旅行更加愉快和轻松。

5.5.2 公式

万能公式的结构为：赋予角色（选填）+背景或现状+目的或需求+输出要求+补充内容（选填）

- 赋予角色：请你扮演一位有经验的专业导游。
- 背景或现状：我要去（地点）旅游，需要×天的攻略，预算是×万元。
- 目的或需求：请你写一个旅游攻略，包含旅游地点、时间顺序、价格等，越详细越好。
- 输出要求：整个流程不用太紧凑，可以是简单的游玩。在回答时，记得附上每一个地方的价格。

> **用户：**
> 请你扮演一位有经验的专业导游，我要去云南旅游，需要5天的攻略，预算是0.5万元，请你写一个旅游攻略，包含旅游地点、时间、价格等，越详细越好。整个流程不用太紧凑，可以是简单的游玩。在回答时，记得附上每一个地方的价格，用表格回答。

> **AI：**
> 亲爱的游客，以下是为你精心准备的云南5天旅游攻略，预算控制在0.5万元内，希望你在云南的旅行既轻松又愉快。

云南5天旅游攻略

第1天：昆明
- 上午：抵达昆明，参观石林风景区，感受大自然的鬼斧神工。门票：石林门票约175元/人。
- 下午：返回昆明市区，游览翠湖公园，体验昆明的"春城"魅力。门票：免费。
- 晚上：在昆明的街头品尝云南特色小吃，如过桥米线等。

第2天：大理
- 上午：乘坐高铁前往大理，游览大理古城，感受白族文化。高铁约2小时，票价根据实际情况而定。大理古城维护费约30元/人。
- 下午：前往洱海，可以选择骑行或乘船游览，享受洱海的宁静与美丽。船票根据船型和游览路线不同，价格不等。

第3天：丽江
- 上午：乘坐火车前往丽江，游览丽江古城，感受纳西族文化。火车约2小时，票价根据实际情况而定。丽江古城维护费约80元/人。
- 下午：前往束河古镇，体验古镇的悠闲生活。束河古镇门票约40元/人。

第4天：香格里拉
- 全天：参加当地旅行团，前往香格里拉，游览普达措国家公园、松赞林寺等。根据旅行团标准，价格不等，建议选择性价比高的旅游团。

第5天：返回昆明
- 上午：从香格里拉返回昆明。
- 下午：在昆明市区购物，购买一些云南特产作为纪念。
- 晚上：准备返程。

预算概览
- 交通费用：约1000元（根据实际票价调整）。
- 住宿费用：约1000元（每晚200元左右的经济型酒店）。
- 餐饮费用：约500元。
- 景点门票：约500元。
- 其他费用（包括购物、交通等）：约1500元。

总计：约5000元。

请注意，以上价格为预估价，具体费用可能会根据实际情况有所变动。建议在旅行前做好详细规划，并根据个人偏好调整行程。祝你在云南有一个难忘的旅程！

由此可见，告诉AI你的旅游要求和预算后，它会根据网上的资料为你制订一个大致的旅游计划。如果你需要更详细的信息，只需向AI继续提出问题，它会补充计划中的细节。

用户：
在香格里拉，除了普达措国家公园和松赞林寺，还有哪些值得一游的景点？

AI：
以下是为你推荐的香格里拉除了普达措国家公园和松赞林寺的其他值得一游的景点。

1. 哈巴雪山

推荐理由：登山爱好者的必登之地，杜鹃花种类丰富，被称为"世界花园之母"。哈巴雪山位于云南迪庆州香格里拉市东南部，与玉龙雪山隔虎跳峡相望。最高峰海拔 5396 米，山势上部较为平缓，下部则陡峭壁立，望之险峻雄伟又美丽神秘。

2. 独克宗古城

推荐理由：中国保存得最好、最大的藏民居群。独克宗古城位于云南迪庆州香格里拉市建塘镇，曾是雪域藏乡和滇域民族文化交流的窗口，川藏滇地区经济贸易的纽带。

3. 纳帕海自然保护区

推荐理由：高原季节性天然湖沼，湖水回落时形成依拉草原，是黑颈鹤等候鸟越冬栖息地。纳帕海自然保护区位于云南迪庆州香格里拉市，属湿地生态类型保护区，主要保护对象为高原季节性湖泊、沼泽草甸。

4. 石卡雪山

推荐理由：目前迪庆高原唯一具备观光条件的立体性生态文化旅游景区。石卡雪山位于云南迪庆州香格里拉市建塘镇西南，海拔 4500 米。索道全长 4190 米，是目前云南最长的索道，索道将游客从海拔 3270 米的纳帕草甸送到海拔 4000 多米的山顶。

5. 吉达姆草原

推荐理由：被誉为西南最美丽高山草甸，香格里拉的标签，进藏第一村。吉达姆草原位于云南迪庆州香格里拉市，景区集草原、牧场、原始森林、峡谷瀑布、湖泊溪流、湿地、云海日出等景观于一体。

希望这些推荐能帮助你在香格里拉的旅行中发现更多美丽的风景和独特的体验！

5.5.3 活学活用

李先生是一位工作繁忙的白领，计划在今年夏天带家人去旅行。然而，他没有时间详细规划旅行行程。他希望这次旅行能够兼顾全家人的兴趣和需求，不仅要有丰富的自然风光，还要有深厚的文化底蕴，请你用AI帮他制订一个旅游计划。

5.6 AI 法律顾问：解答法律难题

5.6.1 背景

在现代社会，法律问题无处不在。无论是个人生活还是商业活动，都可能遇到各种复杂的法律问题。由于法律的专业性和复杂性，许多人在面对法律问题时常常感到困惑和无助。

但AI可以基于海量的法律数据，通过分析用户提供的法律问题和背景信息快速提供专业的法律建议和解决方案。这不仅帮助用户节省了时间和金钱，还能确保法律问题得到及时、有效的处理。

5.6.2 公式

万能公式的结构为：赋予角色（选填）+背景或现状+目的或需求+输出要求+补充内容（选填）

- 赋予角色：现在你是法律顾问。
- 背景或现状：现在的情况是（描述你的情况）。
- 目的或需求：请你基于（国家）的法律，根据我的情况撰写一份详细严谨的合同，尽量考虑到各种情况。
- 输出要求：给出符合法律规定的文案。

用户：
现在你是法律顾问，现在我需要出租一个50平方米的房子，月租金为3千元，押一付三，租期为1年，请你基于中国的法律，根据我的情况撰写一份详细严谨的合同，并给出符合法律规定的文案。

AI：
好的，以下是一份详细严谨的房屋租赁合同模板，符合中国法律规定，适用于你提供的租赁情况。

房屋租赁合同

出租方（以下简称"甲方"）：
姓名：_____
身份证号码：_____
联系电话：_____
地址：_____

承租方（以下简称"乙方"）：
姓名：_____
身份证号码：_____
联系电话：_____
地址：_____

第一条 房屋基本情况
1.1 甲方将位于_____市_____区_____路_____号_____室（以下简称"该房屋"），出租给乙方使用，房屋建筑面积为50平方米。

第二条 租赁期限
2.1 租赁期限为1年，自_____年____月____日起至_____年____月____日止。

第三条 租金及支付方式
3.1 租金总额为人民币3000元整。
3.2 支付方式为押一付三，即乙方在签订本合同时支付押金人民币3000元，首月租金人民币9000元。
3.3 乙方应在本合同签订当日一次性支付首月租金和押金，共计人民币12000元。

第四条 押金
4.1 押金用于保证乙方遵守本合同的各项条款，并在租赁期满或合同解除时用于清偿乙方所欠租金及其他应付费用。

4.2 合同期满或合同解除后，乙方结清应付费用后，甲方应在 5 个工作日内将押金无息退还给乙方。

第五条 房屋使用

5.1 乙方应合理使用并爱护该房屋及其附属设施，不得擅自对房屋结构进行改动。

5.2 乙方不得利用该房屋进行违法活动。

第六条 房屋维护

6.1 甲方应保证该房屋及其附属设施的正常使用，承担房屋及设施的维修责任。

6.2 乙方应妥善保管该房屋及设施，如因使用不当造成损坏的，乙方应负责修复或赔偿。

第七条 合同解除

7.1 在租赁期限内，任何一方提出解除合同的，应提前 7 天通知对方，并办理相关手续。

7.2 租赁期满或合同解除后，乙方应按时搬出并交还房屋。

第八条 违约责任

8.1 甲方未按约定交付房屋的，应每日按租金的 ____% 支付违约金。

8.2 乙方未按期支付租金的，应每日按租金的 ____% 支付违约金。

8.3 乙方提前解除合同的，押金不予退还。

第九条 其他约定

9.1 本合同未尽事宜，由甲乙双方协商解决。

9.2 本合同一式两份，甲乙双方各执一份，具有同等法律效力。

第十条 法律适用与争议解决

10.1 本合同适用中华人民共和国法律。

10.2 因本合同引起的或与本合同有关的任何争议，由双方协商解决；协商不成，任何一方均可向房屋所在地人民法院提起诉讼。

甲方（签字）：_____

签署日期：_____

乙方（签字）：_____

签署日期：_____

希望这份合同模板符合你的需求。如有任何需要进一步修改或补充的条款，请告知。

由此可见，无论是普通人还是律师，都可以利用AI描述需求并生成完整的合同。此外，AI还可以作为法律顾问，回答任何法律相关问题。

5.6.3 公式

万能公式的结构为：赋予角色（选填）+背景或现状+目的或需求+输出要求+补充内容（选填）

- 赋予角色：现在你是我的法律顾问。

- 背景或现状：现在的情况是（描述你的情况）。
- 目的或需求：请你针对我的情况给出法律建议。
- 输出要求：只需要提供建议，不用给出建议以外的其他内容。

> **用户：**
> 现在你是我的法律顾问，现在的情况是：合作方拖欠项目款10万元，已经过去5个月了，需要催他们还款，请你针对我的情况给出法律建议，只需要提供建议，不用给出建议以外的其他内容。

> **AI：**
> 以下是针对你的情况，我给出的法律建议。
> 1. 合同审查：首先，审查你与合作方签订的合同，特别是关于付款期限和违约责任的条款。如果合同中有明确的付款期限和违约处理条款，可以依据合同条款催促对方付款。
> 2. 正式催款通知：向合作方发出书面的正式催款通知，明确表示已经超过约定的付款期限，要求其在一定期限内支付欠款。这封信可以作为后续法律行动的证据。
> 3. 律师函：如果对方在收到催款通知后仍未支付欠款，可以请律师发出律师函。律师函通常比普通催款通知更具威慑力，有助于促使对方履行付款义务。
> 4. 仲裁或诉讼：如果上述措施均未奏效，可以考虑根据合同中的争议解决条款，向仲裁机构申请仲裁或向法院提起诉讼，要求对方支付欠款及相关利息和违约金。
> 5. 证据保留：在整个过程中，务必保留所有与催款相关的书面证据，包括合同、催款通知、律师函及与合作方的所有往来记录。这些证据在仲裁或诉讼中至关重要。
> 6. 法律咨询：在进行任何法律行动之前，建议咨询专业律师，确保所有措施符合法律规定，并且可以最大限度地保障你的权益。

5.6.4 活学活用

假如小明现在需要解决一个知识产权纠纷问题，请你让AI帮小明制订详细的法律建议和解决方案。

5.7 AI投资经理：智慧财富管理

5.7.1 背景

财富管理和投资规划对个人和企业的发展至关重要。然而，投资市场复杂多变，许多投资者难以在众多选择中找到最适合自己的投资方案。专业的投资顾问虽然能提供帮助，但往往费用高昂，普通投资者难以负担。

而通过AI分析用户的财务状况、风险偏好和投资目标，可以提供个性化的投资建议。不仅帮助用户优化资产配置，还能最大限度地降低投资风险，提升投资回报。

5.7.2 公式

万能公式的结构为：赋予角色（选填）+背景或现状+目的或需求+输出要求+补充内容（选填）

- 赋予角色：假如你现在是我的投资顾问。
- 背景或现状：现在我需要进行财富管理和投资规划。
- 目的或需求：请你根据我提供的财务状况和投资目标，生成个性化的投资建议和财富管理方案，这些建议应切合实际并具有可操作性。
- 输出要求：对于每个投资建议，提供详细说明，如列出投资品种和比例，提供具体的投资策略，确保建议易于理解、风险可控，并且能够实现预期目标。
- 补充内容：需要通过提问了解我的财务状况和投资目标，再提供投资建议。

用户：
假如你现在是我的投资顾问。现在我需要进行财富管理和投资规划。请你根据我提供的财务状况和投资目标，生成个性化的投资建议和财富管理方案，这些建议应切合实际并具有可操作性。对于每个投资建议，提供详细说明，如列出投资品种和比例，提供具体的投资策略，确保建议易于理解、风险可控，并且能够实现预期目标。需要通过提问了解我的财务状况和投资目标，再提供投资建议。

AI：
当然可以！为了提供最合适的投资建议和财富管理方案，我需要了解你的财务状况和投资目标。请回答以下问题，以便我更好地为你制订个性化的方案。

1. 财务状况
- 当前收入：请问你的收入是多少？
- 支出情况：每月固定支出和可变支出各是多少？
- 储蓄：目前的储蓄金额是多少？是否有紧急备用金？
- 债务：是否有房贷、车贷或其他负债？如果有，每月的还款金额是多少？
- 资产分布：目前持有的资产种类和数量（如现金、股票、基金、不动产等）。

2. 投资目标
- 投资期限：你的投资时间范围是多长（短期1~3年，中期3~5年，长期5年以上）？
- 风险承受能力：你对风险的接受程度如何（低、中、高）？
- 投资目标：你希望通过投资实现哪些具体目标（如退休储备、子女教育、购房、旅行等）？
- 预期回报：你对投资回报的预期是多少（年化回报率）？

3. 其他信息
- 现有投资经验：你是否有过投资经验？如果有，主要涉及哪些投资品种？
- 流动性需求：你是否有需要随时动用资金的需求？

请提供尽可能详细的信息，这样我才能为你制订最适合的投资建议和财富管理方案。

用户：

资产总额为50万元，无负债，流动资金为30万元，年收入为30万元，目标是资本增值，风险态度是中立，投资期限中期。

AI：

根据你提供的财务状况和投资目标，我将为你制订一个中期（3~5年）的财富管理和投资规划方案。你的资产总额为50万元，其中流动资金为30万元，无负债，年收入为30万元。目标是资本增值，风险态度中立。

投资策略概述

为了实现资本增值，并在中等风险水平下获得良好的回报，我们将采用分散投资的策略。以下是详细的投资建议和分配比例。

1. 股票（30%）
2. 债券（20%）
3. 混合型基金（20%）
4. 房地产投资信托（REITs）（15%）
5. 现金及短期存款（15%）

投资品种和比例

1. 股票（30%）
- 投资比例：50万元的30%，即15万元。
- 策略：选择优质的蓝筹股和成长股，分散投资于不同的行业和地区。每月定投，降低市场波动带来的风险。
- 建议投资：消费、科技、医疗等领域的龙头企业。

2. 债券（20%）
- 投资比例：50万元的20%，即10万元。
- 策略：配置政府债券和高信用评级的企业债券，保持稳定收益。
- 建议投资：国债、AAA级企业债。

3. 混合型基金（20%）
- 投资比例：50万元的20%，即10万元。
- 策略：选择混合型基金，以平衡风险和收益。混合型基金同时投资于股票和债券，可以获得较为稳健的回报。
- 建议投资：选择长期表现稳定的混合型基金。

4. 房地产投资信托（REITs）（15%）

投资比例：50万元的15%，即7.5万元。
- 策略：投资于优质的房地产信托基金，获得稳定的租金收入和资本增值。
- 建议投资：商业地产和住宅地产REITs。

5. 现金及短期存款（15%）
- 投资比例：50万元的15%，即7.5万元。
- 策略：保留部分现金和短期存款，确保流动性需求，作为紧急备用金。

- 建议投资：货币市场基金、短期存款。

具体投资策略
1. 定投策略：为了降低市场波动的影响，可以选择每月定投部分资金，特别是在股票和混合型基金的投资中。定投可以平均投资成本，减少单次投资的风险。
2. 分散投资：分散投资于不同资产类别、行业和地区，降低系统性风险。
3. 定期调整：每年或每半年对投资组合进行一次回顾和调整，确保资产配置符合预期目标和风险承受能力。

风险管理
1. 止损设置：在股票投资中，设置合理的止损点，防止过大损失。
2. 资产再平衡：根据市场变化和投资表现，定期调整各类资产的比例，保持投资组合的平衡。
3. 关注政策和市场变化：及时了解经济政策和市场动态，做出相应的投资调整。

预期回报
根据上述投资组合和策略，预计年化回报率在 5%~8%。需要注意的是，投资有风险，收益具有不确定性。
如果有任何疑问或需要进一步的调整，请随时告知。

由此可见，AI能够根据每位投资者的资金状况和投资偏好，量身定制个性化的投资方案。如果希望获得更为详尽的理财建议和投资策略，就利用上下文提问技巧，进一步提出具体问题，以获取更为精准的指导。

5.7.3 活学活用

假如你现在需要进行短期的高风险高收益投资，请你描述你的具体财务状况和投资目标，让AI帮你提供详细的投资建议并制订策略。

5.8 AI 装修设计师：制订个性化装修方案

5.8.1 背景

装修家居是一个既充满挑战又令人兴奋的过程。每个家庭都有独特的需求和偏好，找到最适合的装修方案并不容易。AI装修设计师可以根据家庭成员的需求和喜好，提供个性化的装修方案，并帮助他们选择最佳的设计风格、颜色搭配、家具布局和装饰品，使每个家庭都能拥有一个理想的居住环境。

5.8.2 公式

万能公式的结构为：赋予角色（选填）+背景或现状+目的或需求+输出要求+补充内容（选填）

- 赋予角色：假如你现在是装修设计师，了解各种装修风格。
- 背景或现状：现在我需要一个个性化的装修方案。

- 目的或需求：请你根据我提供的家庭情况、房屋大小和个人喜好，生成一个适合的装修方案，该方案可以帮助我打造一个舒适、美观且功能齐全的家。
- 输出要求：对于方案需要提供详细说明，列出主要设计元素和风格，提供具体的实施步骤和建议，确保方案实用、美观，并且易于执行。

用户：

假如你现在是装修设计师，了解各种装修风格。现在我需要一个个性化的装修方案，请你根据我提供的家庭情况、房屋大小和个人喜好，生成一个适合的装修方案，该方案可以帮助我打造一个舒适、美观且功能齐全的家。对于方案需要提供详细说明，列出主要设计元素和风格，提供具体的实施步骤和建议，确保方案实用、美观，并且易于执行。

AI：

当然，我可以根据你的需求和喜好提供个性化的装修方案。请你提供以下信息，以便我为你定制合适的装修方案。

1. 家庭情况
   - 家庭成员数量及年龄。
   - 是否有特殊需求（如宠物、无障碍设计等）。
2. 房屋信息
   - 房屋大小（总面积、各个房间的面积）。
   - 房屋类型（公寓、别墅等）。
   - 房屋布局（平面图）。
3. 个人喜好
   - 喜欢的装修风格（如现代、简约、北欧、田园、工业风等）。
   - 喜欢的色彩和材质。
   - 特殊的设计需求（如储物空间、书房、娱乐区等）。
4. 预算范围：你的装修预算范围。
5. 其他要求：例如，环保材料的使用、智能家居的需求等。

请提供以上信息后，我将根据你的情况和喜好，生成多个详细的装修方案供你参考。

用户：

我的房子是一套三居室，面积约120平方米。我们家有4口人，包括两个小孩。我们喜欢现代简约风格，希望有开放式厨房和舒适的客厅。另外，我们希望每个孩子都有自己的房间，并且房间设计能够激发他们的创造力。我们的预算在20万元左右，希望在3个月内完成装修。

AI：

方案一：现代简约风格装修方案

主要设计元素和风格

- 整体风格：现代简约，以白色、灰色和木色为主色调，线条简洁，注重实用性和功能性。

- 开放式厨房：采用开放式设计，将厨房与客厅连为一体，增加空间的通透感和互动性。
- 舒适客厅：简约大气的家具，搭配柔和的灯光和适当的装饰，营造温馨舒适的氛围。
- 儿童房设计：每个孩子的房间都有独特的主题和色彩，激发他们的创造力和想象力。

具体实施步骤和建议

1. 空间规划
   - 开放式厨房：拆除厨房与客厅之间的隔墙，使用岛台或吧台作为分隔和连接。
   - 客厅布局：选用简约风格的沙发和茶几，搭配功能性的电视柜和储物柜。
   - 儿童房设计：根据孩子的兴趣和爱好，分别设计不同主题的房间。可以选择色彩鲜艳的墙漆或墙纸，以及创意家具和装饰。
2. 材料选择
   - 地板：选用木质地板或大理石地砖，既简洁又耐用。
   - 墙面：使用环保涂料或壁纸，颜色以白色、灰色为主，局部可以使用鲜艳色彩或图案装饰。
   - 家具：选用线条简洁的现代风格家具，注重功能性和舒适性。
3. 灯光设计
   - 客厅：采用主灯加辅助灯的组合，主灯选用简约大气的吊灯，辅助灯可以使用落地灯、壁灯和台灯，营造温馨的氛围。
   - 厨房：重点照明和局部照明结合，岛台或吧台上方安装吊灯，操作区域使用嵌入式射灯。
   - 儿童房：选用柔和的灯光，避免刺眼的光线。可以增加一些创意灯饰，如星星灯、卡通造型的灯具等。
4. 软装搭配
   - 客厅：选用简约风格的沙发、茶几和电视柜，搭配舒适的地毯和抱枕。可以适当增加一些绿植和装饰画，增加空间的生机。
   - 厨房：简约实用的橱柜和操作台，选用不锈钢或石英石材质。可以适当增加一些收纳篮和装饰品，保持整洁有序。
   - 儿童房：根据房间主题选用相应的床品、窗帘和装饰品。可以增加一些书架和储物柜，培养孩子的整理习惯。
5. 装修时间和预算控制
   - 时间安排：拆除、改造和基础施工阶段（1个月），硬装和安装阶段（1.5个月），软装和收尾阶段（0.5个月）。
   - 预算控制：严格按照预算进行材料和家具的选购，选择性价比高的品牌和产品。确保每个环节的花费都在控制范围内。

方案二：现代简约风格的变体

（略）

5.8.3 活学活用

你的朋友小李刚刚毕业，租了一个房子，面积约为50平方米，喜欢温馨风格，希望有一个舒适的客厅和卧室。预算在3千元左右，只能软装，请你用AI帮他设计一下。

第 6 章

教育：用 AI 助力高效学习

本章深入探讨了 AI 在教育领域的多元化应用，揭示了 AI 如何成为学生的有力伙伴。文中详细介绍了 AI 在英语口语陪练、写作润色、视频速读等关键领域的功能，展示了 AI 技术如何助力学生在这些方面取得进步。同时，AI 还提供了个性化的作业辅导、学习与备考的辅助工具，以及时间管理和效率提升的策略，为学生打造了一个全方位的学习支持系统。通过这些应用，AI 不仅提高了学习的效率和质量，也为教育的现代化发展开辟了新的道路。

6.1 AI口语陪练：全天候英语口语老师

6.1.1 背景

在全球化背景下，英语作为国际通用语言的重要性日益增强。虽然许多人希望提高英语口语能力，但由于时间、地点和资源的限制，很难找到合适的练习机会。AI英语口语陪练能够随时随地提供专业的英语口语练习，通过互动对话、发音纠正和情景模拟，帮助用户在真实环境中提高口语水平。

6.1.2 解析

为了提升英语口语能力，选择合适的AI工具至关重要。你可以尝试使用带有对话功能的AI工具，比如ChatGPT、文心一言、豆包等。作为一名虚拟的英语口语老师，AI将通过英语对话引导你进行练习。你可以通过两种方法与AI互动：首先，打开AI工具的口语老师智能体，直接与AI对话；其次，输入英语口语提示词，比如你感兴趣的生活、娱乐、体育等话题，AI会根据这些提示词与你进行简短且易于理解的英语交流。AI的目的是帮助你通过实际对话提高英语口语能力。

6.1.3 步骤详解

01 打开豆包App，点击"发现"按钮，进入智能体选择页面。

02 进入智能体选择页面，单击搜索栏，输入"口语"并开始搜索，选择对应的口语智能体并点击+按钮。

03 回到"对话"页面,选择你的"AI口语老师"。进入后点击开启"声音"按钮🔊,长按"按住说话"按钮,即可与AI口语老师进行对话了!

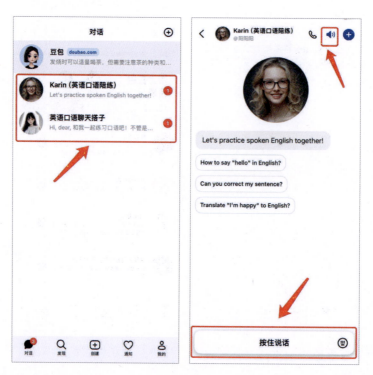

04 也可以直接点击"电话"按钮,直接与AI口语老师对话。

6.1.4 活学活用

试试用AI练习你的英语口语吧！

6.2 AI 写作润色：提高文章质量

6.2.1 背景

在学术研究、职业工作或日常生活中，高质量的写作至关重要。然而，许多人在写作过程中常常面临措辞不当、逻辑不清、语法错误等问题。AI写作润色功能可以帮助用户优化文章内容，提高文章的通俗性和专业性，通过智能分析和修改，确保文章结构严谨、语言流畅。

6.2.2 公式

万能公式的结构为：赋予角色（选填）+背景或现状+目的或需求+输出要求+补充内容（选填）。

- 赋予角色：请你作为一名中文写作助理。
- 背景或现状：帮助我优化原有的文章。
- 目的或需求：你的任务是改进所提供文章的错别字、语法、清晰、简洁和整体可读性，同时分解长句，减少重复，并提供改进建议。
- 补充内容：请你优化以下文章：（文章内容）。

用户：

请你作为一名中文写作助理，帮助我优化原有的文章。你的任务是改进所提供文章的错别字、语法、清晰、简洁和整体可读性，同时分解长句，减少重复，并提供改进建议。

请你优化以下文章：广州是中国的一个大城市，这里有很多好玩的地方。你可以去珠江边散步，看夜景很美。还有一个地方叫北京路，是一个很热闹的购物街，有很多好吃的东西。广州塔是广州的标志建筑，晚上会亮灯，非常漂亮。你还可以去看越秀公园，有一个五羊石像，是广州的象征。白云山是一个可以爬山的好地方，空气很好，风景也很美。总之，广州是一个既有现代化城市气息，又有很多传统文化的地方，非常值得一去。

AI：

广州是中国的一座大城市，拥有许多有趣的景点。在珠江边散步，欣赏美丽的夜景，是一种享受。北京路是一条热闹的购物街，汇集了各种美食。广州塔作为城市的地标建筑，夜晚亮灯后更加迷人。越秀公园内的五羊石像是广州的象征，值得一看。白云山是爬山的好地方，空气清新，风景优美。广州不仅充满现代化城市的气息，还保留了丰富的传统文化，非常值得一游。

改进建议

1. 拼写和语法：原文中没有错别字，但语法上有些句子可以更简洁。
2. 清晰和简洁：长句分解后使信息更加清晰易懂，整体表达更简洁。
3. 减少重复：删去了不必要的重复描述，保留了每个景点的独特性。
4. 改进段落：每个景点的描述分成独立的句子，使段落更有层次感，阅读起来更流畅。

你认为这种改写方式是否符合你的需求？如果有其他要求或具体调整，请告诉我。

由此可见，如果你需要优化文案或脚本，就可以通过AI来快速优化。不仅可以帮助你优化文案，还能提供相应的建议。接着，可以运用前文介绍的AI技巧，根据你的需求进行定制化的文案优化。下面，将使用技巧延展式提问来演示。

用户：

请你基于上面的文案，细化具体内容。

AI：

广州是中国的一座大城市，拥有许多有趣的景点，以下是一些具体推荐。

1. 珠江夜景：在珠江边散步，欣赏美丽的夜景。晚上，珠江两岸的灯光绚烂，倒映在江面上，形成一幅壮丽的画卷。
2. 北京路：这是广州最热闹的购物街之一，遍布各种商店和餐馆。你可以在这里品尝到地道的粤式美食，如叉烧包、肠粉和云吞面，购物之余也能满足味蕾。
3. 广州塔：作为广州的地标建筑，广州塔高耸入云，夜晚亮灯后更显迷人。你可以登上塔顶俯瞰全城美景，还可以体验刺激的高空摩天轮和透明玻璃步道。
4. 越秀公园：这里是广州最大的城市公园，园内的五羊石像被视为广州的象征。公园里绿树成荫，湖泊环绕，是市民和游客休闲放松的好去处。

> 5. 白云山：如果你喜欢爬山，白云山是一个理想的选择。这里空气清新，风景优美，有多条徒步路线可供选择。登上山顶，可以俯瞰广州市区的全景，令人心旷神怡。
>
> 总之，广州既充满现代化城市的活力，又保留了丰富的传统文化。无论是喜欢都市繁华，还是向往自然美景，广州都能满足你的期待，非常值得一游。

由此可见，经过延展式提问，文案变得更加详细，排版也更为清晰，整体专业性得到了显著提升。

6.2.3 活学活用

你的同事需要撰写一篇关于自媒体的介绍，但他的表达比较口语化，不适合作为文章发布，请你用AI帮他进行优化。文案如下：

自媒体是现在非常流行的一种网上东西，很多人都会去做自媒体因为它可以挣钱和有名。你只需要一个手机和上网就可以做自媒体了。自媒体可以是写文章、拍视频、直播等等各种各样的内容。例如你可以在家里拍自己吃饭的视频，然后发到网上去，别人看了会给你点赞和打赏。这些钱就会到你的账号里面，所以很多人都觉得做自媒体很轻松又可以赚到钱。但是自媒体也有很多困难，有时候没有人看你的视频或文章，你就赚不到钱了。而且自媒体的内容要经常更新，不然粉丝就会跑掉了。总之，自媒体是一个现代很有趣又有挑战性的职业选择。

6.3 · AI 视频速读：高效总结长篇视频

6.3.1 背景

在当今快节奏的生活中，人们常常很难有足够的时间来观看长篇视频课程。无论是学术讲座、专业培训还是兴趣学习，全面了解和掌握视频内容都需要投入大量时间和精力。通过利用AI技术，我们能够自动分析和总结视频内容，提炼关键要点，帮助用户在最短的时间内掌握核心信息。

6.3.2 解析

在这个信息爆炸的时代，有效地从大量视频内容中提取关键信息变得尤为重要。使用带有视频总结功能的AI工具，如通义听悟、百度网盘、夸克、钉钉等，可以大大提升我们处理视频内容的效率。你只需将需要总结的视频上传到这些AI工具中，它们便能够智能地分析视频内容，快速提取视频中的关键信息和主要观点。通过AI视频速读功能，即使是长篇视频也能被高效地总结，帮助用户节省时间，快速把握视频核心内容。无论是学习资料、会议记录还是新闻报道，这些工具都能成为你不可或缺的助手，让你在信息的海洋中游刃有余。

6.3.3 步骤详解

01 打开通义听悟，单击"上传音视频"按钮。

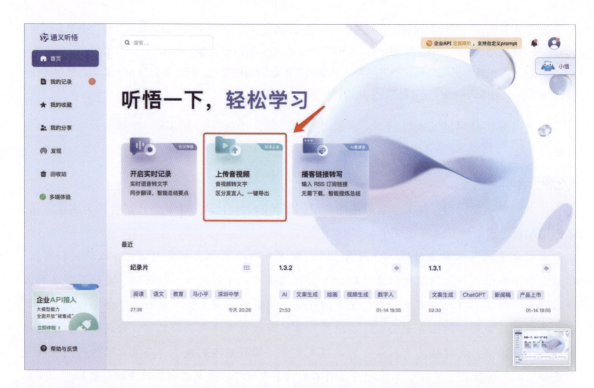

02 进入新页面后,单击"上传本地音视频文件"或"导入阿里云盘文件"按钮。

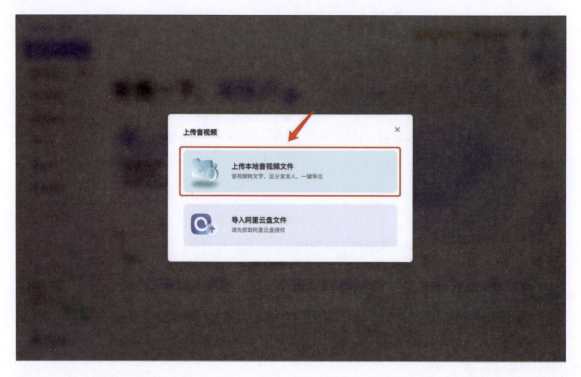

03 上传本地的音视频文件。

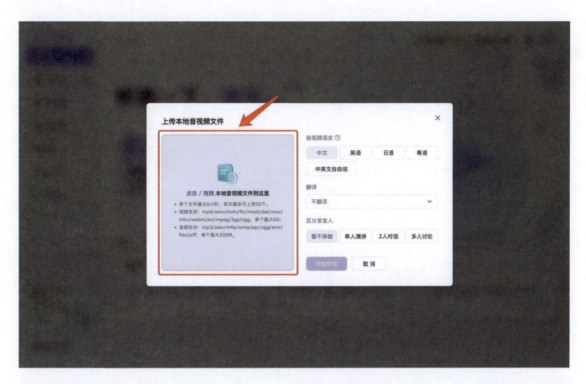

04 根据视频内容选择对应的语言、翻译、发言人数,然后单击"开始转写"按钮。

05 返回首页,在"最近"栏目找到转写好的视频入口并进入。

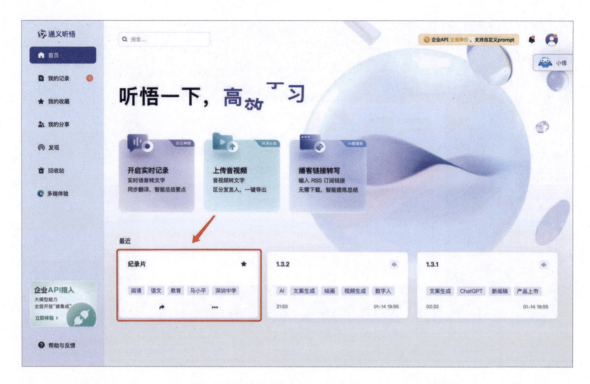

06 AI已经完成视频转录和总结,包括全文概要、章节速览、发言总结以及要点回顾,可以根据需求进行查看。

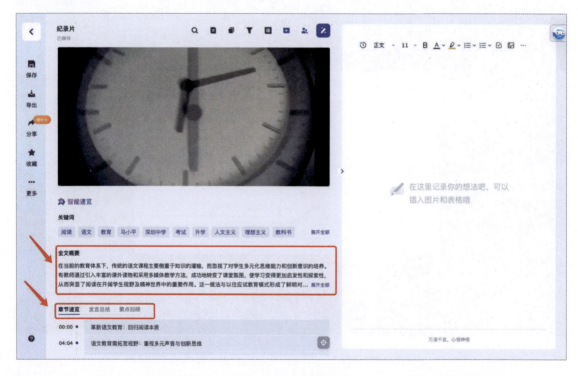

07 单击"保存"或"导出"按钮,将AI转写好的文案保存到本地,获得转写的文案。

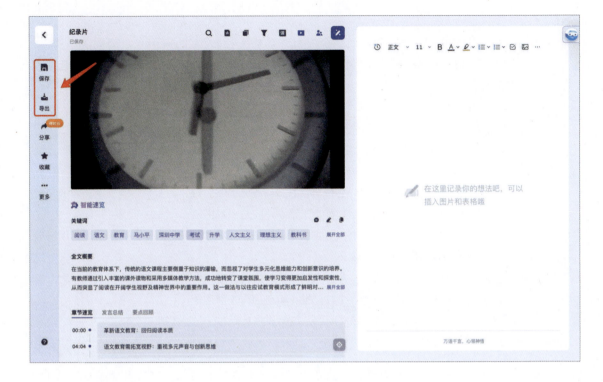

6.3.4 活学活用

将你想要学习的视频课程或者播客导入AI，让其帮你总结吧！

6.4 AI 论文速写：快速撰写学术论文

6.4.1 背景

在学术研究和写作中，撰写论文是一个复杂且耗时的过程。研究者需要花费大量时间进行文献综述、数据分析、论点构建和论文写作。AI可以帮助研究者加快这一进程，通过提供结构化的写作框架、自动生成部分内容，以及优化语言和格式，使论文写作更加高效。

6.4.2 步骤详解

论文写作包括3个主要步骤：首先确定研究方向，然后制订论文大纲，最后撰写具体章节。我们将通过这3步，利用AI辅助完成论文写作。

01 确定研究方向：明确论文的研究领域和主题，选择研究问题，设定研究目标，并制订研究假设，确保论文方向清晰。

> **用户：**
> 请你检索网上的资料，给出我 5 个论文选题，方向是市场营销。

AI:

根据最新的市场营销研究趋势和资料,以下是 5 个市场营销方面的论文选题建议。

1. α世代对品牌营销的影响研究:α世代作为数字原生代,他们的消费行为和品牌偏好对市场营销策略有重要影响。研究可以探讨这一群体如何影响市场趋势,以及品牌如何适应他们的价值观和消费习惯。
2. 数字营销趋势下的社交和短视频营销:基于《2024 中国数字营销趋势报告》,研究社交和短视频平台如何成为数字营销的重点,以及广告主如何利用这些平台提高品牌影响力和营销ROI。
3. 反向消费现象下的市场营销策略:在经济增长放缓的背景下,探讨消费者趋向于更加审慎和精细的消费行为,以及企业如何调整其营销策略以适应这一变化。
4. 基于大数据的精准营销策略:随着大数据技术的发展,研究企业如何利用数据分析来实现精准营销,提高营销效率和顾客满意度。
5. AI技术在营销领域的应用与影响:AI技术的高速发展为营销行业带来新的变革机遇。研究AI如何帮助企业进行消费者行为分析、个性化推荐和自动化营销活动。

这些选题覆盖了当前市场营销领域的热点问题,包括消费者行为、数字营销、大数据应用和 AI 技术的影响,适合作为学术论文的研究主题。

02 制订论文大纲:编写详细的大纲,列出各章节的主要内容和结构。这有助于整理思路和规划论文框架,保证各部分内容逻辑一致。

用户:

请你基于"α 世代对品牌营销的影响研究",给出论文整体大纲。

AI:

基于"α 世代对品牌营销的影响研究"的论文,以下是一个可能的论文整体大纲。

标题:α 世代对品牌营销的影响研究

摘要:简要概述研究的目的、方法、主要发现和结论。

关键词:α 世代、品牌营销、消费者行为、市场趋势、数字原生代。

第 1 章 引言

1.1 研究背景

1.2 研究意义

1.3 研究目的和问题

1.4 论文结构

第 2 章 文献综述

2.1 α 世代的定义和特征

2.2 品牌营销的理论基础

2.3 α 世代消费者行为研究

2.4 α 世代对品牌营销的影响研究现状

第 3 章 研究方法
3.1 研究设计

3.2 数据收集方法

3.3 样本选择和数据来源

3.4 数据分析方法

第 4 章 α 世代消费者行为分析
4.1 α 世代消费心理特征

4.2 α 世代的消费决策过程

4.3 α 世代的消费偏好和趋势

4.4 技术在 α 世代消费行为中的作用

第 5 章 α 世代对品牌营销策略的影响
5.1 品牌定位与 α 世代价值观的契合

5.2 营销传播渠道的选择与创新

5.3 产品开发与 α 世代需求的对接

5.4 品牌互动与社区营销的策略

第 6 章 案例研究
6.1 选取具有代表性的品牌案例

6.2 案例分析方法

6.3 案例分析结果

6.4 对策略调整的启示

第 7 章 α 世代对品牌忠诚度的影响
7.1 品牌忠诚度的理论框架

7.2 α 世代对品牌忠诚度的影响因素

7.3 提升品牌忠诚度的策略

第 8 章 结论与建议
8.1 研究结论

8.2 研究限制

8.3 对品牌营销的策略建议

8.4 对未来研究的展望

参考文献：列出所有引用的文献。

附录：包括研究使用的问卷、数据表格、额外的图表或图形等。

这个大纲提供了一个全面的框架，用于探讨 α 世代如何影响品牌营销的各个方面，从理论到实践，再到具体的案例研究和策略建议。

03 撰写具体章节：根据大纲撰写各个章节，包括引言、文献综述、方法论、数据分析、讨论和结论。每个章节都应详细阐述相关内容，确保论文的完整性和学术性。

> **用户：**
> 请你基于"2.1 α世代的定义和特征"一节，展开撰写论文内容。

AI：

基于"2.1 α世代的定义和特征"的论文内容撰写如下。

2.1 α世代的定义和特征

2.1.1 定义

α世代，也被称为"Z世代"之后的一代，通常指的是2010年之后出生的人群。这一群体被认为是数字技术的原生代，他们从出生起就生活在一个高度数字化的世界中。与之前的Z世代相比，α世代的成员更加习惯使用先进的技术，如增强现实（AR）、虚拟现实（VR）和人工智能（AI）等，并在这些技术的陪伴下成长。

2.1.2 特征

α世代的特征可以从多个维度进行分析，以下是一些关键点。

1. 技术亲和力：α世代对技术的接受度极高，他们天生熟悉并依赖于数字设备和在线服务。
2. 社交媒体活跃度：这一群体在社交媒体上的活跃度非常高，他们通过这些平台与朋友交流、获取信息和娱乐。
3. 信息获取方式：α世代倾向于通过互联网和移动设备获取信息，他们习惯于快速浏览和筛选大量数据。
4. 价值观：α世代的价值观通常更加开放和包容，他们重视多样性、可持续性和社会正义。
5. 消费行为：与前一代相比，α世代在消费时更加注重品牌的社会责任和产品的可持续性。
6. 教育和学习方式：α世代在教育和学习上更倾向于使用在线资源和互动式学习工具。
7. 隐私意识：这一群体对个人隐私和数据安全有着较高的意识，他们对数据收集和使用的透明度有明确要求。

2.1.3 市场影响

α世代的特征对市场营销有着深远的影响。品牌需要了解这些特征，以便更好地与这一群体沟通和互动。例如，品牌可能需要在社交媒体上建立强大的存在感，开发与α世代价值观相符的产品和服务，并确保其营销策略能够反映对隐私和数据安全的尊重。

2.1.4 研究意义

研究α世代的定义和特征对于理解他们如何影响品牌营销至关重要。这不仅有助于企业制订更有效的市场策略，还能够促进品牌与这一新兴消费群体之间的信任和忠诚度建立。

在接下来的章节中，我们将深入探讨α世代的消费者行为，以及他们如何塑造当前和未来的市场趋势。通过对这一群体的深入了解，品牌可以更好地定位自己，以满足α世代的需求和期望。

6.4.3 活学活用

小美是哲学系的研究生，首次接触AI，希望了解AI如何辅助论文写作。请你利用AI为她提供支持。

6.5 • AI作业辅导：提供个性化作业辅导

6.5.1 背景

在现代教育中，学生面临大量作业，传统辅导难以满足个性化需求。但请私人教师费用高，答题软件也需要支付高额费用。但AI可以根据学生的学习情况和偏好，提供个性化作业辅导，同时提供24小时全天候服务，根据学生具体情况个性化指导，就像真正的私人教师，既提高学习效率，又减轻经济负担。

6.5.2 公式

万能公式的结构为：赋予角色（选填）+背景或现状+目的或需求+输出要求+补充内容（选填）

- 赋予角色：假如你现在是一名作业辅导专家。
- 背景或现状：现在你需要为学生提供个性化的作业辅导。
- 目的或需求：请你根据学生的作业要求，生成个性化的指导和答案、辅导内容和建议。
- 输出要求：针对每个作业题目提供详细的解答和讲解，并提供学习建议和技巧，帮助学生提高学习效果。
- 补充内容：以下是学生的学习情况或作业内容（学生的学习情况或作业要求）。

用户：
假如你现在是一名作业辅导专家；现在你需要为学生提供个性化的作业辅导，请根据学生的作业要求，生成个性化的指导和答案、辅导内容和建议。请针对每个作业题目提供详细的解答和讲解，并提供学习建议和技巧，帮助学生提高学习效果。以下是作业内容：从同一高度分别抛出质量相等的3个小球，一个竖直上抛，一个竖直下抛，另一个平抛，则它们从抛出到落地〔   〕。
A．运动的时间相等　　B．加速度相同　　C．落地时的速度相同　　D．落地时的动能相等

AI：

作业题目分析与解答

题目描述：从同一高度分别抛出质量相等的3个小球，一个竖直上抛，一个竖直下抛，另一个平抛。则它们从抛出到落地（选项：A. 运动的时间相等；B. 加速度相同；C. 落地时的速度相同；D. 落地时的动能相等）。

首先，我们需要理解题目描述的物理现象，并结合选项逐一分析。

1. 运动的时间
   - 垂直上抛的小球：从抛出点上升到最高点，然后自由下落到地面。这个过程包括两个阶段，上升阶段和下降阶段。
   - 垂直下抛的小球：从抛出点直接向下运动到地面，这个过程是单一的加速运动。
   - 平抛的小球：从抛出点以一定水平初速度开始运动，同时受到重力作用而做抛物线运动。

由于垂直上抛的小球需要先上升再下降，整体运动时间最长，而平抛和垂直下抛的小球只涉及单一

的下降运动，因此三者的运动时间不同。选项A不正确。

2. 加速度
   - 无论哪种抛出方式，小球在空中运动时都只受重力作用，加速度都是重力加速度g。
   - 这一点对所有小球都一样，不受初速度方向的影响。选项B正确。
3. 落地时的速度
   - 垂直上抛的小球：上升过程中速度逐渐减少到0，再以增大的速度下落到地面。
   - 垂直下抛的小球：初速度加上重力加速度的加速效应。
   - 平抛的小球：初始水平速度保持不变，竖直方向速度增大。
   - 三者的最终速度都不同，因为它们的初速度和运动轨迹不同。选项C不正确。
4. 落地时的动能
   - 动能公式：$E_k = 1/2 mv^2$
   - 虽然三者的质量相同，但由于它们的落地速度不同，动能也会不同。选项D不正确。

学习建议与技巧
1. 理解物理概念
   - 对于抛体运动，理解初速度、重力加速度和运动轨迹之间的关系非常重要。
   - 使用图示帮助理解不同抛出方式的运动过程。
2. 公式应用
   - 熟记运动学公式，并能熟练运用这些公式进行计算和分析。
   - 举一反三，变换不同条件下的分析和解答方法。
3. 练习题目
   - 多做与抛体运动相关的练习题，培养解题的熟练度和准确度。
   - 注重总结和归纳，通过题目分析提升思维能力。

通过这些分析和建议，你将更好地理解物理抛体运动的概念和解题技巧，提升学习效果。

由此可见，将题目上传AI后，其会快速提供详细的解答，并解释相关原因，给出建议和复习方法。除了上传题目，你还可以直接上传截图请求解答。

6.5.3 解析

在数字化学习时代，AI正成为学生作业辅导的得力助手。选择合适的AI工具，如ChatGPT、文心一言、KimiChat、豆包等，它们都具备图片上传功能，可以更直观地帮助学生解决学习中遇到的问题。当你遇到难题时，只需将题目图片上传到这些AI工具中，它们就能识别题目内容并提供解答。此外，你还可以输入提示词，比如具体要求、科目信息等，以便AI更准确地理解你的需求。这些AI工具能够提供个性化的作业辅导，不仅帮助学生解决具体问题，还能根据学生的学习情况提供定制化的学习建议，使学习过程更加高效和个性化。

6.5.4 步骤详解

01 打开KimiChat，单击"附件"按钮，上传本地的题目图片。

02 输入提示词，单击"发送"按钮。AI会基于提示词和题目生成相应的回答，特别适用于包含图片的问题。

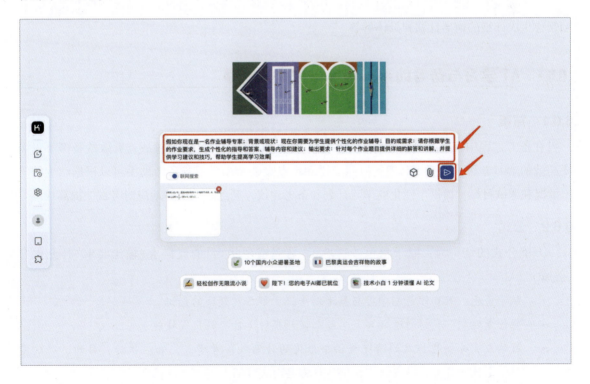

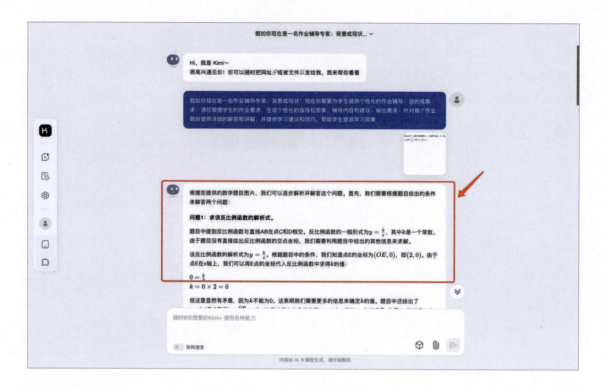

6.5.5 活学活用

假如你现在需要为学生提供个性化的作业辅导，请你描述学生的学习情况和作业要求，让 AI 帮你生成详细的辅导计划和具体解答。

6.6 AI 学习与备考助手：助你备考高效有序

6.6.1 背景

在备考过程中，学生经常面临大量的学习内容和复杂的时间管理挑战。有效的备考不仅需要高效的学习方法，还需要合理的时间安排和重点突破。AI 学习与备考助手可以根据学生的学习情况和考试目标，提供个性化的学习计划和备考建议，帮助学生更好地应对考试，提高成绩。

6.6.2 公式

万能公式的结构为：赋予角色（选填）+背景或现状+目的或需求+输出要求+补充内容（选填）

- 赋予角色：假如你是AI学习与备考助手，了解各种领域的知识。
- 背景或现状：我想通过××天学习来提升我的（目标科目或技能）。
- 目的或需求：根据我的情况提供个性化的计划或备考建议，如：年龄、目的、兴趣爱好、个性和目标，若我没有提供，你需要向我提问。
- 输出要求：制订详细的学习计划；提供重点和技巧；给出时间管理建议。

用户：

假如你是 AI 学习与备考助手，了解各种领域的知识。我想通过 30 天来学习提高我的物理分数。请根据我的情况提供个性化的学习计划或备考建议，如：年龄、目的、兴趣爱好、个性和目标，如果我没有提供，你需要向我提问。输出要求：制订详细的计划；提供重点和技巧；给出时间管理建议。

AI：

作为一名 AI 学习与备考助手，我很高兴能帮助你提高物理分数。首先，我需要了解一些关于你的基本信息，以便制订一个适合你的个性化学习计划。以下是一些关键问题，你可以根据自己的情况进行回答。

1. 你目前的年龄和年级？
2. 你提高物理分数的目的是什么（例如：考试、竞赛、个人兴趣等）？
3. 你对物理的兴趣程度如何？有没有特别喜欢或不喜欢的物理领域？
4. 你的个性是怎样的（例如：你是更倾向于独立学习还是需要团队合作）？
5. 你的目标是什么（例如：提高多少分，达到什么水平）？
6. 你每天有多少时间可以用来学习物理？
7. 你目前在物理学科上的基础知识和理解程度如何？

根据你的回答，我会为你制订一个 30 天的学习计划，包括以下内容。

1. 制订详细的计划
   - 第1天~第7天：基础知识复习。每天至少2小时，重点回顾物理概念和公式。
   - 第8天~第14天：专项练习。针对难点和弱点进行专项练习，每天至少3小时。
   - 第15天~第21天：模拟测试。进行模拟考试，分析错误，调整学习策略，每天至少2小时。
   - 第22天~第30天：强化训练和总结。加强弱项，总结学习经验，每天至少3小时。

2. 提供重点和技巧
   - 理解概念：确保你理解每个物理概念的含义和应用场景。
   - 公式记忆：通过练习题来记忆公式，而不是死记硬背。
   - 解题技巧：学习解题的通用步骤和技巧，例如画图、列方程等。
   - 错误分析：每次练习后，分析错误的原因，避免重复犯错。

3. 给出时间管理建议
   - 制订时间表：为每天的学习任务制订详细的时间表。
   - 优先级排序：根据重要性和紧急性对学习任务进行排序。
   - 休息和放松：确保有足够的休息时间，避免过度疲劳。
   - 灵活调整：根据学习进度和效果灵活调整计划。

如果你能提供上述信息，我将能够为你提供更加个性化和详细的学习计划。如果你还没有准备好回答这些问题，可以先从自我评估开始，然后我们再一起制订计划。

用户：

初中三年级，选择题、填空题都不错，但大题比较困难，每天可以花 2 小时学习物理，目标是提高总成绩，喜欢通过做题提升，早上学习，还有 1 个月就中考了。

AI：

根据你提供的信息，你是一名初中三年级的学生，选择题和填空题表现不错，但在解答大题方面存在困难。你每天可以投入2小时学习物理，并且喜欢通过做题来提升自己。你希望在一个月后的中考中提高总成绩。以下是为你量身定制的30天物理学习计划。

第1天～第10天：基础知识巩固

- 目标：复习并巩固物理基础知识。
- 方法：每天分配1小时复习物理概念和公式，另外1小时做基础题目。
- 重点：确保理解每个概念，能够熟练运用公式。

第11天～第20天：专项突破

- 目标：针对大题的解题技巧进行专项训练。
- 方法：每天2小时，选择不同类型的大题进行练习。
- 技巧：学习如何分析问题，识别关键信息，构建解题框架。

第21天～第30天：模拟测试与总结

- 目标：通过模拟测试检验学习效果，总结经验。
- 方法：每天2小时，进行中考模拟测试。
- 总结：每次模拟测试后，认真分析错误，总结解题技巧。

重点和技巧

- 理解问题：在解答大题前，确保完全理解题目要求。
- 构建框架：在动笔前，先构建解题思路和步骤。
- 逐步解答：将大题分解为小问题，逐一解决。
- 检查与验证：解题后，检查计算过程和答案是否合理。

时间管理建议

- 早晨学习：利用早晨头脑清醒的时间进行学习。
- 分块学习：将2小时的学习时间分为两个1小时的块，中间休息10分钟。
- 灵活调整：根据每天的学习效果和状态，适时调整学习计划。
- 保持健康：保证充足的睡眠和适当的运动，保持良好的学习状态。

其他建议

- 错题本：建立错题本，记录每次练习和测试中的错误，定期回顾。
- 交流讨论：与同学或老师讨论不懂的问题，获取不同的解题思路。
- 保持积极：保持积极的学习态度，相信自己能够在中考中取得好成绩。

请记住，这个计划是一个大致的框架，你可以根据自己的具体情况进行调整。最重要的是保持持续的努力和积极的学习态度。祝你在中考中取得优异的成绩！

由此可见，如果你是希望备考某一领域的学生，或者想要学习新技能的人，可以通过提供你的学习目标和个人信息，让AI为你制订个性化的备考或训练计划。

6.6.3 活学活用

你的朋友小陈希望从零开始学习吉他演奏，请你通过AI帮他制订一个详细的计划。

6.7 AI百科全书：提供全面知识储备

6.7.1 背景

在信息爆炸的时代，人们获取知识的途径越来越多样，对信息的广度和深度的要求也不断提高。AI能够从海量的信息中迅速提取和总结，帮助用户快速获取所需的信息，解答各类问题，并支持深入学习和研究。即使面对复杂的内容，AI也能以通俗易懂的方式进行解释，确保用户能够理解。

6.7.2 公式

万能公式的结构为：赋予角色（选填）+背景或现状+目的或需求+输出要求+补充内容（选填）。

- 赋予角色：假如你现在是某一方面的知识专家。
- 背景或现状：我需要了解（需要了解的领域）。
- 目的或需求：请你提供详细的知识背景，包括基本概念、发展历程、应用领域、最新研究进展等。
- 输出要求：提供该领域的基础知识概述、描述该领域的发展历程、介绍该领域的主要应用、总结最新的研究进展和趋势。

用户：
假如你现在是某一方面的知识专家，我需要了解为什么轮胎都是黑的。请你提供详细的知识背景，包括基本概念、发展历程、应用领域、最新研究进展等，提供该领域的基础知识概述、描述该领域的发展历程、介绍该领域的主要应用、总结最新的研究进展和趋势。

AI：
轮胎的颜色通常是黑色，这一现象与轮胎的制作材料和技术发展密切相关。以下是关于轮胎颜色的详细知识背景。

基本概念

轮胎是车辆与地面接触的部件，它的主要功能是提供足够的牵引力和支撑力，保证车辆的行驶安全性和舒适性。轮胎的颜色主要由其制造过程中所使用的材料决定，特别是炭黑，这是使轮胎变黑的关键成分。

发展历程

1. 早期轮胎：最初的轮胎是由橡胶制成的，但橡胶的自然颜色是淡黄色或棕色。这些早期轮胎并没有添加炭黑，因此它们的颜色较为明亮。
2. 炭黑的引入：在20世纪初，工程师们发现炭黑能够显著增强橡胶的耐磨性、强度和耐候性。因此，炭黑成为轮胎制造中的关键成分。炭黑不仅改善了轮胎的性能，还使轮胎的颜色变成了黑色。
3. 技术革新：随着轮胎技术的不断发展，炭黑的使用变得更加普遍。炭黑的加入提升了轮胎的耐久性，减少了橡胶在使用过程中由于紫外线和氧化作用引起的降解。

主要应用

轮胎的黑色主要源于以下几个方面的应用需求。

1. **耐磨性**：炭黑的使用显著提高了轮胎的耐磨性，延长了轮胎的使用寿命。这对于车辆的安全性和经济性都至关重要。
2. **强度和弹性**：炭黑能够增强橡胶的强度和弹性，使轮胎在各种驾驶条件下保持良好的性能。
3. **抗紫外线**：炭黑可以有效地阻挡紫外线，防止轮胎在暴露于阳光下时老化，从而保证轮胎的长期使用性能。

最新研究进展

当前的研究正集中于开发环保型轮胎，这些轮胎使用更少的炭黑，或者使用可再生材料和替代品，以减少环境影响。

1. **高性能材料**：新型的纳米材料和合成橡胶正在被研究和应用，以进一步提升轮胎的性能。例如，某些研究正在探索使用碳纳米管代替传统的炭黑，以提高轮胎的性能和耐用性。
2. **智能轮胎**：随着智能技术的发展，研究者们也在开发能够实时监测胎压、温度和磨损情况的智能轮胎。这些轮胎不仅能提高行车安全，还能优化车辆的性能和燃油效率。
3. **改进生产工艺**：新的生产工艺正在被应用于轮胎制造，以提高炭黑的分散均匀性和增强轮胎的整体性能。

总结

轮胎的黑色是由于炭黑的加入，这种材料的使用不仅提升了轮胎的性能，还使其具备了更高的耐用性和安全性。随着科技的发展，轮胎领域正不断创新，旨在提高环保性能和智能化水平。

由此可见，应用这个公式，AI能根据你的问题提供对应的基本概念、发展历程、应用领域和最新研究进展的详细分析。如果你希望更方便地理解概念，可以继续提问。

用户：
请你用7岁小孩都听得懂的话再次解释。

AI：
轮胎为什么是黑色的？这是因为轮胎里有一种特别的黑色粉末叫作"炭黑"。这个粉末能让轮胎更结实、更耐磨，也能让它们在太阳的照射下不容易坏掉。

很久以前，轮胎是用橡胶做的，但那时候的轮胎颜色比较浅。后来，科学家们发现把炭黑加到橡胶里，可以让轮胎更耐用，而且还会变成黑色。所以，现在我们看到的轮胎大多都是黑色的。

轮胎的黑色有很多好处，它能让轮胎在路上跑得更久，也让它们更安全。现在，科学家们还在研究怎样让轮胎变得更环保、更聪明，例如让轮胎能自己告诉你它的状态。

6.7.3 活学活用

你的朋友老张是区块链行业的技术人员。为了与他讨论区块链领域的创业机会，你需要先了解区块链技术的相关知识。让AI帮助你深入理解这一技术吧。

6.8 • AI教案策划：轻松完成教学方案

6.8.1 背景

在教育领域，精心设计的教案对于提高教学效果至关重要。教师需要在课程设计、案例分析和作业布置等方面下足功夫，确保教学内容既吸引学生，又能有效传授知识。AI技术可以借助海量教育数据，帮助教师高效地制订教案。通过分析教学目标和学生需求，AI能够提供量身定制的教学方案，从而提升教学质量和效率。

6.8.2 解析

设计一个有效的教学方案，可以遵循以下3个简洁明了的步骤。首先，进行课程设计，这一步骤要求我们基于明确的教学目标和学生的具体需求，精心策划课程内容，确保课程既具有针对性，又能吸引学生的学习兴趣；接着，是课程案例的选择，这一步是根据之前的课程设计来确定的，目的是挑选出能够帮助教师更有效地解释和阐述理论知识的教学案例；最后，进行课后作业设计，这一步需要根据课程的主题和学生的学习情况来制订，包括设计合适的作业和评估标准，旨在帮助学生巩固所学知识，并提升他们的学习成效。这三个步骤相互关联，共同构成了一个完整的教学方案设计流程。

6.8.3 公式

1. **课程设计**：基于教学目标和学生需求，设计课程方案并确保内容有针对性和吸引力

万能公式的结构为：赋予角色（选填）+背景或现状+目的或需求+输出要求+补充内容（选填）

- 赋予角色：假如你现在是一名了解各种行业的老师。
- 背景或现状：现在我需要为（课程主题）设计一个教学方案。
- 目的或需求：请你根据我提供的课程内容和教学目标，设计一个完整的教学方案，包括详细的课程大纲。
- 输出要求：提供详细的课程设计方案（包括课程目标、教学内容、教学方法）。
- 补充内容：教学目标是（你的教学目标）。

用户：
假如你现在是一名了解各种行业的老师，现在我需要为地理学设计一个教学方案，请你根据我提供的课程内容和教学目标，设计一个完整的教学方案，包括详细的课程大纲。提供详细的课程设计方案（包括课程目标、教学内容、教学方法）。

AI：
当然，下面是一个详细的地理学课程教学方案。假设课程内容涵盖了地理学的基本概念、地球系统、自然环境以及人文地理学的相关内容。我们将根据这些内容设计一个完整的教学方案。

课程设计方案

课程目标

- 知识目标：学生能够理解地球的基本构造、自然环境的成因和变化、主要的地理特征以及人类活动对环境的影响。
- 技能目标：学生能够应用地理学的基本理论和方法进行数据分析，绘制地图，识别地理现象。
- 情感目标：培养学生对地理环境的兴趣和保护意识，提高其全球视野和可持续发展意识。

课程大纲

第一单元：地理学概述

- 课程目标：理解地理学的基本定义和研究方法。
- 教学内容：
  » 地理学的定义和范围。
  » 学科分类和研究方法。
- 教学方法：讲授、讨论、案例分析。

第二单元：地球系统和地球内部结构

- 课程目标：了解地球的内部结构及其对地表的影响。
- 教学内容：
  » 地球的层次结构（地壳、地幔、地核）。
  » 地震和火山活动。
- 教学方法：多媒体教学、实验观察。

第三单元：气候与天气

- 课程目标：掌握气候与天气的区别及主要气候类型。
- 教学内容：
  » 气候系统及其特征。
  » 全球主要气候类型。
  » 气象观测与预测。
- 教学方法：讲授、互动讨论、实地考察。

第四单元：自然地理环境

- 课程目标：了解地表形态及其形成过程。
- 教学内容：
  » 地貌学基础（山脉、平原、河流等）。
  » 土壤和植被。
  » 水文与气候对环境的影响。
- 教学方法：地形图分析、实地观察、小组讨论。

第五单元：人文地理学

- 课程目标：理解人类活动对地理环境的影响。
- 教学内容：
  » 人口与城市化。

» 资源利用和环境保护。
» 全球化与地方发展。
- 教学方法：讲授、案例分析、小组项目。

第六单元：地理信息系统（GIS）与地图制图
- 课程目标：学习GIS基本概念和地图制图技能。
- 教学内容：
    » GIS概念和应用。
    » 地图制图基础。
    » 数据分析与可视化。
- 教学方法：实践操作、地图制作项目。

课程实施
- 课堂活动：
    » 讲授：以课件和讲义形式进行基础知识讲解。
    » 互动讨论：通过讨论和案例分析加深对理论的理解。
    » 实验与实地考察：增强学生的动手能力和实际应用能力。
    » 小组项目：促进合作与创新，综合运用所学知识。
- 评估方式：
    » 课堂测验：测试学生对基础知识的掌握情况。
    » 作业与项目：评估学生的实际操作能力和综合运用能力。
    » 期末考试：综合考查学生对课程内容的理解和掌握程度。

通过以上方案，学生将能够系统地了解地理学的基本概念、自然环境和人文地理的相关知识，并具备应用这些知识进行分析和解决实际问题的能力。

由此可见，教师可以根据各自的课程主题和目标迅速制订课程大纲。大纲将涵盖课程目标、内容安排和教学方法。接下来，将利用延展式提问技巧，让AI根据大纲生成相应的详细案例。

2. 课程案例：根据课程设计确定教学案例，帮助教师更好地阐释理论

用户：
请基于"第一单元：地理学概述"写出详细的课程内容 PPT，越详细越好，包含课程案例等。

AI：
当然，以下是针对"第一单元：地理学概述"的详细课程内容 PPT 设计，包括课程目标、教学内容、具体讲解、案例分析等。

第一单元：地理学概述

幻灯片 1: 课程介绍
- 标题：地理学概述
- 内容：
    » 课程目标简介。
    » 课程安排概览。

幻灯片 2: 地理学的定义
- 标题：什么是地理学？
- 内容：
  » 地理学定义：研究地球表面及其上各种自然和人文现象及其相互关系的科学。
  » 主要研究对象：自然环境、人类活动、二者的相互作用。
- 图示：
  » 地球表面的不同地理现象图片（如山脉、河流、城市）。

幻灯片 3: 地理学的研究范围
- 标题：地理学的研究范围
- 内容：
  » 自然地理：地球的物理环境（如气候、地貌、水文等）。
  » 人文地理：人类活动及其对环境的影响（如城市化、资源利用等）。
  » 环境地理：自然环境和人类活动的相互作用。
- 图示：
  » 自然地理与人文地理的示意图。

幻灯片 4: 地理学的学科分类
- 标题：地理学的学科分类
- 内容：
  » 物理地理：研究自然环境的组成和过程。
  » 人文地理：研究人类活动及其空间分布。
  » 应用地理：将地理知识应用于实际问题，如城市规划、资源管理等。
- 图示：
  » 学科分类图表。

幻灯片 5: 地理学的研究方法
- 标题：地理学的研究方法
- 内容：
  » 实地考察：现场收集数据和观察。
  » 地图制图：绘制和分析地图。
  » 空间分析：使用GIS技术进行空间数据分析。
  » 数据统计与建模：分析和解释地理数据。
- 图示：
  » 实地考察照片。
  » GIS应用界面截图。

幻灯片 6: 案例分析：地理学的实际应用
- 标题：案例分析
- 内容：
  » 案例1：城市规划中的地理学应用。
  » 描述：如何使用地理信息系统（GIS）进行城市规划和交通布局。

            » 图片：城市规划图。
            » 案例 2：自然灾害的预测与管理
            » 描述：使用地理数据预测和管理自然灾害（如地震、洪水）。
            » 图片：地震分布图。
    • 讨论问题：
            » 如何利用地理数据改善城市交通？
            » 地理学如何帮助预测和应对自然灾害？

幻灯片 7: 课程总结与讨论
    • 标题：课程总结与讨论
    • 内容：
            » 总结地理学的定义、研究范围和方法。
            » 讨论地理学在现实生活中的重要性。
    • 讨论问题：
            » 地理学如何影响我们的日常生活？
            » 你认为地理学在未来的发展趋势是什么？

幻灯片 8: 参考资料与进一步阅读
    • 标题：参考资料与进一步阅读
    • 内容：
            » 推荐书目：如《地理学基础》《环境地理学概论》。
            » 在线资源：地理学相关网站、期刊。
    • 图示：
            » 书籍封面和网站截图。

幻灯片 9: 问答环节
    • 标题：问答环节
    • 内容：
            » 开放时间供学生提问。
            » 解答学生对课程内容的疑问。

通过以上 PPT 内容，学生将能够系统了解地理学的基本概念、研究范围、学科分类和研究方法，并通过案例分析加深对地理学实际应用的理解。

最后，我们再次使用延展式提问技巧，基于本章让AI生成相应的作业。

3. **课程作业设计**：根据课程主题和学生的学习情况，设计适合的作业和评估标准，以巩固知识和提高学习成效

> **用户：**
> 请基于"第一单元：地理学概述"设计适合的作业和答案，越详细越好。

> **AI：**
> 当然，以下是基于"第一单元：地理学概述"的选择题和填空题，用于巩固知识点。

选择题

1. 地理学的主要研究对象不包括以下哪项？

A. 自然环境

B. 人类活动

C. 经济发展

D. 环境变化

答案：C. 经济发展

2. 以下哪个领域主要关注地球的物理环境？

A. 人文地理

B. 环境地理

C. 物理地理

D. 应用地理

答案：C. 物理地理

3. 地理信息系统（GIS）主要用于什么？

A. 绘制艺术作品

B. 进行空间数据分析

C. 制订国家政策

D. 编写文学作品

答案：B. 进行空间数据分析

4. 以下哪项是地理学的研究方法之一？

A. 文献回顾

B. 实地考察

C. 定量分析

D. 归纳推理

答案：B. 实地考察

5. 地理学的学科分类中，不包括哪个类别？

A. 物理地理

B. 人文地理

C. 环境地理

D. 生态地理

答案：D. 生态地理

填空题

1. 地理学研究地球表面的自然和人文现象及其相互关系，主要包括自然地理、人文地理和_____。

答案：环境地理

2. 在地理学中，_____主要研究人类活动对地理环境的影响。

答案：人文地理

3. 地理信息系统（GIS）技术可以帮助我们进行_____数据的分析和可视化。

答案：空间

4. 地理学的研究方法之一是_____，它包括实地收集数据和观察。

答案：实地考察

5. 物理地理学主要关注地球的_____环境，如气候、地貌等。

答案：自然

这些题目将帮助学生巩固对地理学基础知识的理解，并检验他们对课程内容的掌握程度。

6.8.4 活学活用

如果你需要为亲戚的小孩准备一个英语课件，以帮助他完成初三的功课，试试用本章的技巧让AI来帮助你。

6.9 AI高考志愿专家：解决志愿填报烦恼

6.9.1 背景

AI技术在教育领域的应用日益广泛，其中包括高考志愿填报的专业选择问题。许多学生和家长在面对众多专业选择时常感到困惑和压力，而AI可以通过数据分析和个性化推荐，帮助学生更科学地选择适合自己的专业。

6.9.2 解析

填报志愿是一个重要的决策过程，它可以被简化为三个关键步骤。首先，进行调研学校，这一步骤要求你深入了解学校的背景、教学质量和校园生活，以确保学校的整体环境符合你的期望；其次，查看专业，你需要分析学校提供的专业课程和就业机会，这有助于你了解每个专业的特点和未来的职业前景；最后，确认适合性，这一步是评估学校和专业是否与你个人的兴趣和职业目标相匹配，确保你的选择能够支持你的长远发展。通过这三个步骤，你可以更加明智地做出填报志愿的决策。

6.9.3 公式

1. 调研学校：了解学校背景、教学质量和校园生活

万能公式的结构为：赋予角色（选填）+背景或现状+目的或需求+输出要求+补充内容（选填）

- 赋予角色：你现在作为国内资深的高校报名咨询师。
- 背景或现状：当前是中国高考成绩出分数的时间。
- 目的或需求：现在需要你帮忙打分，根据给定的打分标准，分析（学校名称），分数标准如下：

- » 学术声誉和排名（20分）：学校在专业领域内的声誉和排名。
- » 就业前景（20分）：毕业生的就业率、平均薪资和职业发展机会。
- » 学费和奖学金（15分）：学费水平以及可获得的奖学金和财政援助。
- » 学生生活和校园环境（15分）：校园文化、社区活动、住宿条件和安全。
- » 学科专业和课程设置（15分）：提供的学科专业及其质量。
- » 教学质量（15分）：教师资格、教学方法和学生满意度。
- 输出要求：将评分结果以表格形式呈现，清晰展示大学在各个方面的比较。

由于中国高考志愿实时性较强，所以建议使用国内有联网功能的AI工具，如KimiChat、文心一言、豆包、通义千问等（本例使用的是KimiChat）。

用户：
你现在作为国内资深的高校报名咨询师，当前是中国高考成绩出分数的时间，现在需要你帮忙打分，根据给定的打分标准，分析上海交通大学、武汉大学，分数标准如下。
1. 学术声誉和排名（20分）：学校在专业领域内的声誉和排名。
2. 就业前景（20分）：毕业生的就业率、平均薪资和职业发展机会。
3. 学费和奖学金（15分）：学费水平以及可获得的奖学金和财政援助。
4. 学生生活和校园环境（15分）：校园文化、社区活动、住宿条件和安全。
5. 学科专业和课程设置（15分）：提供的学科专业及其质量。
6. 教学质量（15分）：教师资格、教学方法和学生满意度。
将评分结果以表格形式呈现，清晰展示大学在各个方面的比较。

AI：
好的，我将根据你提供的评分标准，为上海交通大学和武汉大学进行打分，并以表格形式展示结果。请注意，这些分数是基于一般信息和假设，实际分数可能会因具体情况和最新数据而有所不同。

评分标准	上海交通大学	武汉大学	备注
学术声誉和排名（20分）	18	15	根据QS世界大学排名等综合评价
就业前景（20分）	18	16	考虑毕业生就业率、平均薪资等
学费和奖学金（15分）	12	13	学费水平和奖学金覆盖率
学生生活和校园环境（15分）	14	13	校园文化、住宿条件等
学科专业和课程设置（15分）	14	12	学科多样性和课程质量
教学质量（15分）	14	13	教师资格、教学方法等
总分	95	82	总分根据各项得分相加得出

备注：
- 学术声誉和排名：根据QS世界大学排名等权威排名，上海交通大学通常排名较高，因此得分较高。
- 就业前景：两所学校都有良好的就业前景，但根据一些就业数据和声誉，上海交通大学可能略高。

- 学费和奖学金：这一项基于假设的学费水平和奖学金覆盖率，具体数值可能需要根据最新数据调整。
- 学生生活和校园环境：两所学校都有丰富的校园文化和良好的住宿条件，但根据学生反馈和校园设施，上海交通大学可能略胜一筹。
- 学科专业和课程设置：上海交通大学在某些学科领域可能提供更广泛的专业选择和高质量的课程。
- 教学质量：基于教师资格、教学方法和学生满意度的评价，两所学校都有优秀的教学质量，但上海交通大学可能在某些方面更受好评。

请注意，这些分数仅供参考，实际选择学校时应考虑个人兴趣、专业偏好和具体情况。

2. 查看专业：分析学校提供的专业课程和就业机会

万能公式的结构为：赋予角色（选填）+目的或需求

- 赋予角色：你现在作为国内资深的高校报名咨询师。
- 目的或需求：请问这两所学校的头部专业是什么？往年需要多少分数？就业方向是什么？

用户：
你现在作为国内资深的高校报名咨询师。请问这两所学校的头部专业是什么？往年需要多少分数？就业方向是什么？

AI：
作为国内资深的高校报名咨询师，我可以为你提供以下信息。

上海交通大学头部专业及往年分数线：
上海交通大学在工程学、材料科学、计算机科学等领域具有很高的全球排名，被认为是其头部专业。然而，具体往年的分数线数据在搜索结果中没有直接提供。你可以访问上海交通大学的招生办公室网站或相关页面获取更详细的历年分数线信息。

武汉大学头部专业及往年分数线：
武汉大学的口腔医学、法学、遥感科学与技术等专业在不同排名中表现突出，被认为是其头部专业。根据搜索结果，2023年武汉大学在湖北省的部分专业录取分数线如下。

- 口腔医学（八年制）：671分。
- 计算机科学与技术（弘毅班）：665分。
- 理科试验班（弘毅学堂）：663分。
- 临床医学（八年制，弘毅学堂）：660分。
- 金融学类（弘毅学堂数理经济与数理金融试验班）：660分。

就业方向：
关于就业方向，上海交通大学发布的《2022年就业质量报告》显示，该校毕业生积极响应国家战略，投身国家重点行业单位，就业质量持续提升，2022届毕业生毕业去向落实率达到97.61%，赴国家重点行业单位就业率为71.08%。对于武汉大学，虽然搜索结果中没有提供具体的就业方向数据，但可以推测，作为一所综合性大学，其毕业生的就业方向广泛，涉及各个专业领域。

请注意，以上信息是基于搜索结果的概括，具体情况可能会有所变化。如需更准确的数据和信息，建议直接咨询各大学的招生办公室或访问其官方网站。

3.确认适合性：评估学校和专业是否适合个人兴趣和职业目标

万能公式的结构为：赋予角色（选填）+目的或需求

1. 赋予角色：你现在作为国内资深的高校报名咨询师。
2. 目的或需求：请问（专业名称）需要学习什么专业课，适合什么类型的学生？

用户：
你现在作为国内资深的高校报名咨询师，请问计算机科学与技术专业需要学习什么专业课，适合什么类型的学生？

AI：
作为国内资深的高校报名咨询师，我可以为你提供以下信息。

计算机科学与技术（弘毅班）专业课程：

计算机科学与技术专业通常包括以下几类课程，但具体课程设置可能会因学校和课程体系的不同而有所差异。

1. 基础课程：高等数学、线性代数、概率论与数理统计、离散数学等。
2. 专业基础课程：数据结构、计算机组成原理、操作系统、计算机网络、数据库原理等。
3. 编程语言：C/C++、Java、Python等。
4. 软件工程：软件需求分析、软件设计、软件测试等。
5. 算法与理论：算法设计与分析、计算理论等。
6. 人工智能与机器学习：机器学习基础、深度学习、自然语言处理等。
7. 专业选修课程：根据学校特色和研究方向，可能包括图形学、信息安全、大数据技术等。

适合的学生类型：

1. 对计算机科学有浓厚兴趣：对编程、算法、软件开发等有强烈兴趣。
2. 逻辑思维能力强：能够进行复杂问题的分析和解决。
3. 学习能力强：计算机科学是一个快速发展的领域，需要不断学习新技术和知识。
4. 创新和研究潜力：弘毅班可能更注重研究和创新能力的培养，适合有志于科研或深入技术研究的学生。
5. 良好的英语能力：很多专业资料和文献是英语的，良好的英语能力有助于获取最新信息和技术。
6. 团队合作精神：计算机科学与技术项目往往需要团队合作完成。

特别说明：

1. 弘毅班可能是指武汉大学的弘毅学堂，这是一个培养精英人才的荣誉学院，可能对学术成绩、研究潜力等方面有更高的要求。
2. 具体课程设置和培养方案，建议直接咨询武汉大学的计算机科学与技术专业或弘毅学堂的相关

> 部门。
>
> 选择专业时，除了考虑个人兴趣和能力，还应考虑未来的职业规划和行业发展趋势。希望这些信息对你有所帮助。

6.9.4 活学活用

假如你现在是刚刚高考完的学生，请你利用AI根据你的分数、特点选择一个自己心仪的学校及专业。

第 7 章

副业：用 AI 增加第二收入

本章深入探讨了 AI 如何助力个人副业发展，以增加额外的收入来源。文中详细介绍了 AI 技术在多个领域的应用实例，包括书单推荐、小说推广、睡前故事创作、名人访谈、国学讲解以及儿童英语学习等，展示了如何通过精准定位流量来推动销售增长。此外，AI 的图像修复技术也在副业领域发挥了重要作用，为内容创作者开辟了新的商业机会和收入渠道。通过这些创新性的应用案例，展示了 AI 如何在副业领域助力用户实现财富增值和收入多元化。

7.1 AI 自动带货：利用数字人实现收入自动化

7.1.1 背景

在电子商务领域，传统的商品推广模式往往要求投入大量的时间和劳力。对于那些日常工作繁忙的人来说，挤出时间来从事商品推广活动是一项巨大的挑战。然而，AI自动带货技术的出现，通过数字人技术的应用，正在改变这一局面。这些虚拟数字人能够自动执行产品展示和推广任务，使越来越多的人能够通过这种新颖的方式实现副业收入。这种方法不仅极大地节省了个人的时间，还能通过数字人的持续推广活动，为个人带来稳定的收入流。

7.1.2 解析

利用AI数字人技术带货的过程可以简化为3个关键步骤：首先，确定选题方向，这需要围绕目标用户群体的需求，参考竞争对手的表现，并利用AI技术来优化文案，确保内容既新颖又具有高度原创性，以吸引观众的注意；其次，生成数字人视频，通过应用先进的数字人技术，创建既互动又具有观赏性的视频内容，以增强用户的观看体验；最后，优化账号运营，定期发布视频内容以吸引和增加粉丝，一旦粉丝数量达到一定规模，就可以开通短视频或商品橱窗功能，通过精心制作的视频内容来推动产品销售，实现营销目标。

7.1.3 步骤详解

01 打开AI数字人工具（如腾讯智影、蝉镜、万兴播爆、HeyGen等，本例使用蝉镜演示），单击"免费制作"按钮。

02 进入新页面后，进入"创作灵感"页面，蝉镜平台就会根据目前抖音平台的实时热度提供对应的排行榜；接着选择合适的带货视频分类，然后单击相应视频右侧的"创作文案"链接。

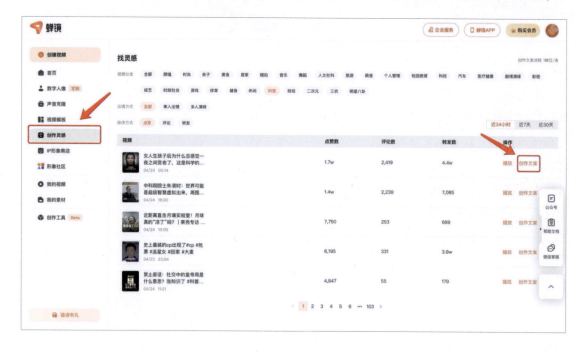

03 在AI文案创作页面，单击"创作视频"按钮。

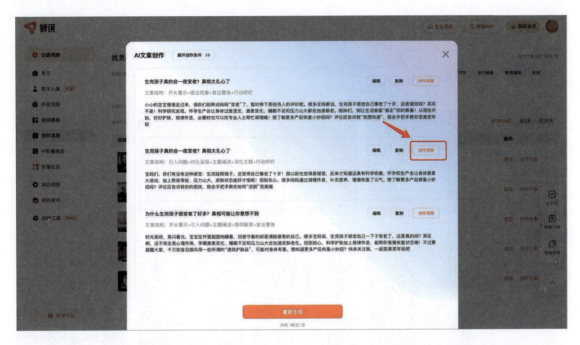

04 进入数字人制作页面，首先在左侧选择适合视频主题的数字人形象，然后根据需要在右侧选择对应的声音，最后单击"生成视频"按钮。

05 在"我的视频"页面即可找到刚刚生成好的数字人视频；单击"下载"按钮，即可将数字人视频保存到本地计算机。

06 将数字人视频导入剪映，在"文本"分类下，单击"智能字幕"按钮，再单击"开始识别"按钮，让剪映自动为视频添加字幕。

第 7 章 副业：用 AI 增加第二收入

07 单击右上角的"导出"按钮，导出数字人带货视频即可。

08 在视频发布之前，将商品链接复制到对应位置。

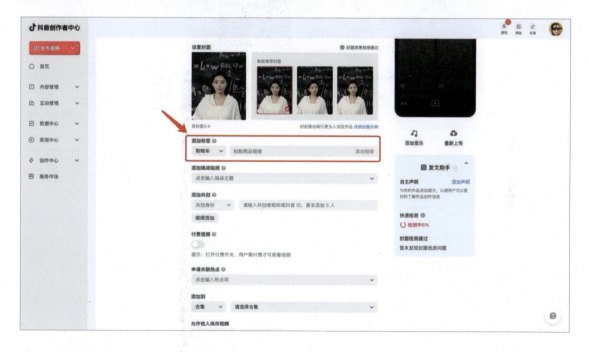

7.1.4 活学活用

试试用AI开启数字人带货之路吧！

7.2 表情包设计：销售定制化表情包

7.2.1 背景

在信息时代中，表情包已经成为表达情感和增添沟通趣味的重要工具。随着社交媒体和即时通信软件的普及，用户对个性化和定制化表情包的需求不断增长。传统上，表情包设计需要专业的设计师，但借助AI绘画技术，即使是对AI绘画不熟悉的用户，也能通过提示词生成所需的表情包图案，开辟新的副业转化机会。

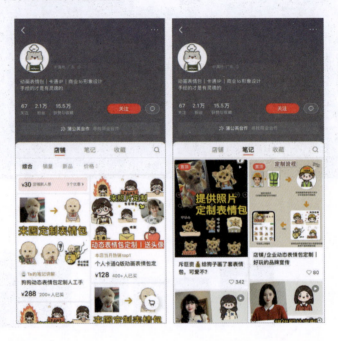

7.2.2 解析

利用AI技术，我们可以轻松设计并销售定制化的表情包。首先，通过AI绘画工具，我们可以生成具有创意的表情包图片；接着，使用AI图片处理工具，自动抠图去背景，使表情包主体更加突出；然后，借助设计工具，为表情包配上合适的文字，增强其表达力；最终，这些经过精心设计的表情包满足用户个性化的沟通需求，并赚取相应的回报。

7.2.3 步骤详解

01 打开合适的AI绘画工具（如Midjourney、Stable Diffusion、WHEE等，本例采用Midjourney演示），在文本框输入提示词。

> **提示词：**
> A cute baby panda, anthropomorphic modeling emoticons,6 emoticons, various expressions, happy-crying, angry, blushing, sleeping, sweating, doodlein the style of Keith Haring, sharpie illustration ,bold lines and solid colors --s 180

第 7 章 副业：用 AI 增加第二收入

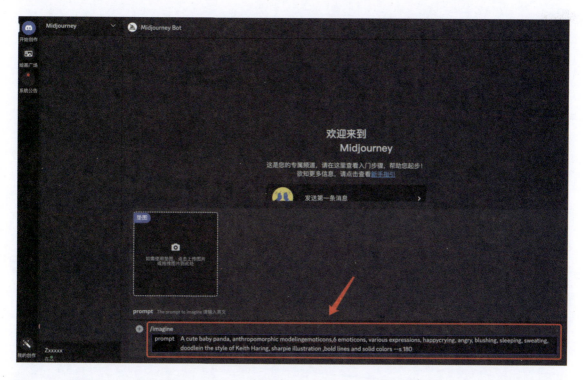

02 生成成功后，在图片下方选择合适的表情包图片并单击放大。

03 放大后将图片文件保存到本地。

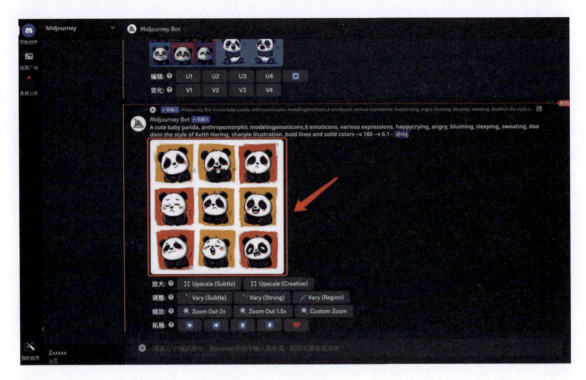

04 打开合适的AI抠图工具，将刚刚保存好的图片导入。

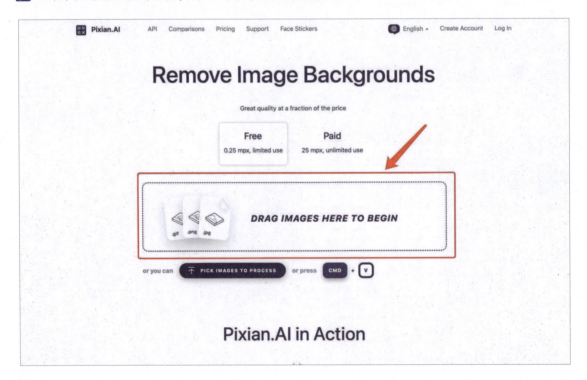

05 单击右下角的OK按钮，即可让AI自动抠图。

06 稍等片刻，AI会迅速完成抠图，将图片下载到本地。

07 将图片导入Canva或其他图片编辑工具，配上对应文案后，单击右上角的"导出"按钮，保存图片文件即可。

7.2.4 活学活用

试试让AI帮你打造专属的表情包吧！

7.3 AI 壁纸起号：用 AI 壁纸转化

7.3.1 背景

手机壁纸是用户个性化手机的一种常见方式。随着手机屏幕技术的发展和个性化需求的增加，手机壁纸市场也逐渐增长。而利用AI生成的手机壁纸，不仅可以快速满足用户的需求，还能为个体带来新的转化方式。通过在小红书平台发布AI生成的创意手机壁纸，可以吸引大量关注，迅速积累粉丝，并最终开通商单转化权限，从而实现盈利。

7.3.2 步骤详解

01 打开合适的AI绘画工具（如Midjourney、Stable Diffusion、文心一格、WHEE等，本例采用WHEE演示，单击"文生图"按钮。

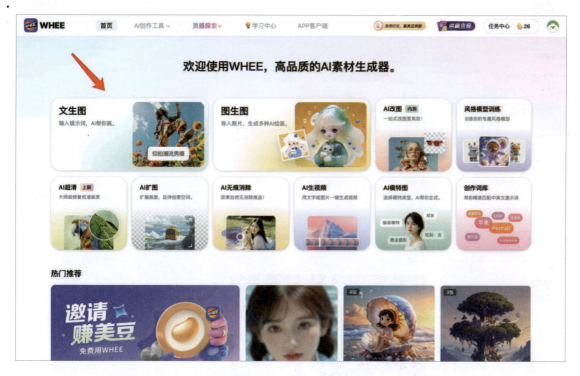

02 进入文生图页面后，单击"高级创作"按钮，用更精细的方式控制生成图片的效果；然后在下方输入提示词和不希望呈现的内容。

> **提示词：**
> 超高细节，高分辨率，极致细节，最好的质量，杰作，插图，一个非常精致和美丽，精细的细节，官方艺术，非常详细的CG统一8k壁纸，油画，穿着白色裙子的女孩，站在窗台看满是星光的夜晚；不希望呈现的内容：皮肤瑕疵，畸形四肢，畸形，多余的肢体，画得不好的脚，融合的手指，低质量。

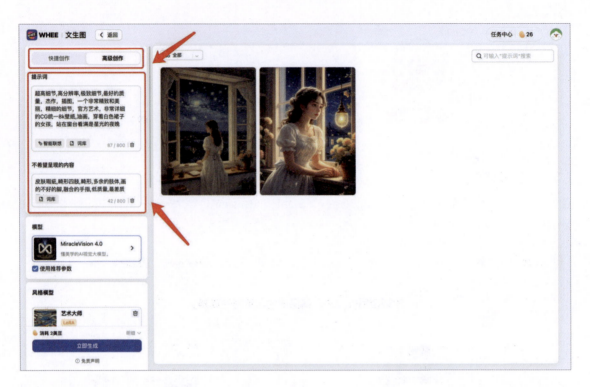

03　首先，选择默认的模型MiracleVision 4.0；然后，为了生成油画风格的壁纸，选择风格模型为"艺术大师"。在设置画面比例时，选择适合的比例。由于生成的是壁纸，可以选择3:4或9:16的比例，单击"立即生成"按钮。

04 稍等片刻，AI就会完成图片生成，可以在右侧单击"下载"按钮，或者让AI继续编辑。

05 将图片上传到对应的社交平台即可！

7.3.3 活学活用

选择一种你喜欢的壁纸类型用AI生成后,将其分享到小红书吧!

7.4 AI老照片修复:通过修复旧照片获利

7.4.1 背景

许多人都珍藏着老照片,这些照片承载了珍贵的记忆。然而,随着时间的流逝,老照片往往会出现褪色、损坏或模糊的情况。传统的照片修复方法通常需要专业技能和时间,而AI技术的进步使照片修复变得更加高效和普及。通过AI技术进行老照片修复,不仅能恢复照片的原貌,还可以为普通人创造新的收入来源。

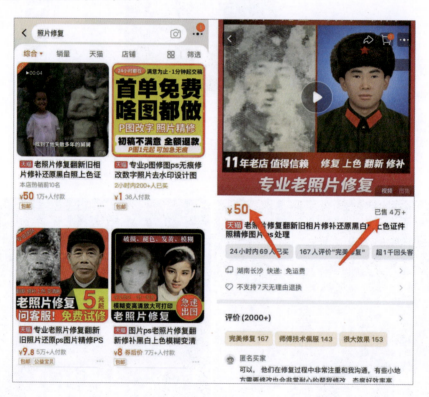

7.4.2 步骤详解

01 打开合适的AI修复工具(如美图设计室、Magnific、佐糖等,本例采用佐糖进行演示),单击"黑白照片上色"按钮。

02 上传照片后，AI就将原照片成功上色，然后单击"下载图片"按钮。

03 再次进入佐糖平台首页，单击"AI照片修复"按钮，并上传刚刚完成上色的照片。

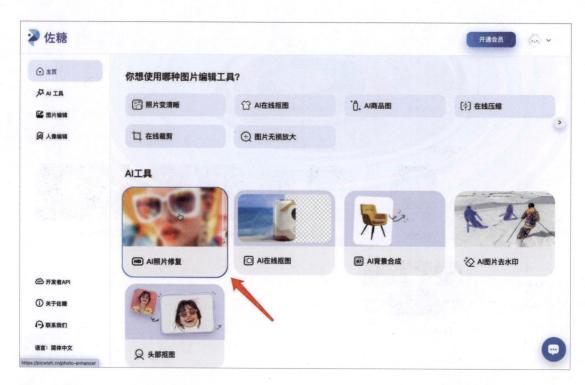

04 稍等片刻，AI就将照片高清修复了，单击"下载图片"按钮，将照片下载到本地。

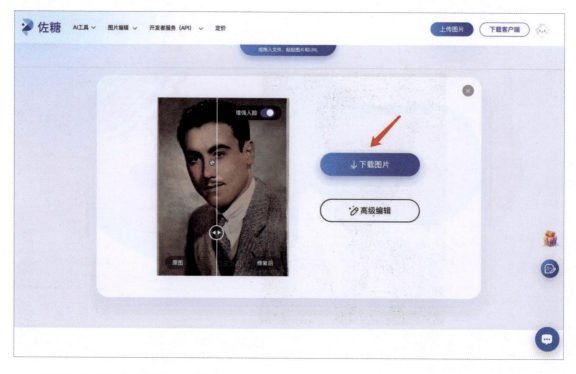

下图为老照片修复前后的对比效果。

 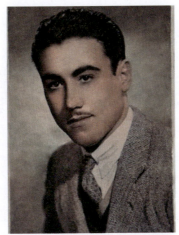 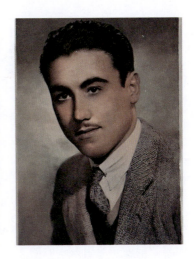

7.4.3 活学活用

试试让AI帮你修复童年照片吧!

7.5 · AI 小说推文:获取内容流量商单转化

7.5.1 背景

小说推文作为一种内容创作形式,旨在通过引人入胜的故事情节和独特的写作风格吸引读者。随着社交媒体内容消费的增加,利用AI技术生成和优化小说推文已成为获取流量和实现商单转化的有效途径。AI小说推文不仅可以迅速产生大量内容,还能根据市场需求和读者偏好进行定制,从而实现内容的精准推广和盈利。

7.5.2 解析

要有效地推广小说并实现内容转化，可以采用以下步骤：首先，利用具备写作功能的AI工具，如ChatGPT、文心一言或KimiChat等，生成吸引人的小说推文文案。这些工具能够根据小说内容智能创作出引人入胜的文案，为推广打下坚实基础；接着，将这些文案导入AI绘画工具中，生成逐帧的图片，然后通过视频剪辑软件将这些图片剪辑成视频，制作出视觉冲击力强的小说推文视频；最后，通过发布这些视频，吸引目标读者群体，获取内容流量，进而实现商单转化，为小说推广开辟新的收入渠道。

7.5.3 步骤详解

01 打开合适的AI写作工具（如ChatGPT、文心一言、KimiChat等，本例采用KimiChat演示），在文本框中输入提示词并发送。

小说推文提示词：

1. 角色：网络爆款小说爽文故事专家，你是一位经验丰富的网络爽文小说作家，擅长创作快节奏、逆袭、爽点密集、情感宣泄等风格的爽文小说。

2. 背景：用户需要一个能够根据特定主题快速撰写出符合网络爆款爽文特点的故事大纲的专家。

3. 目的或需求：根据用户提供的故事主题，撰写出符合网络爆款爽文特点的故事大纲，并能够根据需要进行扩写。

4. 要求：掌握多种爽文风格，能够快速根据主题创作出吸引人的故事大纲，并且能够扩写细节，满足读者的阅读需求；故事大纲需要包含快节奏的情节发展、逆袭元素、密集的爽点、情感宣泄，以及必要的情节反转；故事大纲的文本描述，包括主要情节点和角色设定。

5. 工作流：

（1）接收用户提供的故事主题。

（2）根据主题构思故事大纲，包括主要角色、情节发展和关键爽点。

（3）根据需要对故事大纲进行扩写，添加细节和情节反转。

6. 案例：

主题：现代都市中的平凡人逆袭成为商业巨头

大纲：

- 主角：一个普通的公司职员，生活平凡但心怀梦想。

- 起始：主角遭遇职场不公，决心改变自己的命运。

- 逆袭：通过一系列机遇和挑战，主角逐渐崭露头角。

- 爽点：主角在商业竞争中屡屡获胜，赢得尊重和财富。
- 反转：面对更大的对手和挑战，主角展现出惊人的智慧和勇气。

7. 开头第一句话：欢迎来到网络爆款爽文创作世界！请发送你想要探讨的故事主题，让我们一起创作出令人兴奋的爽文故事大纲。

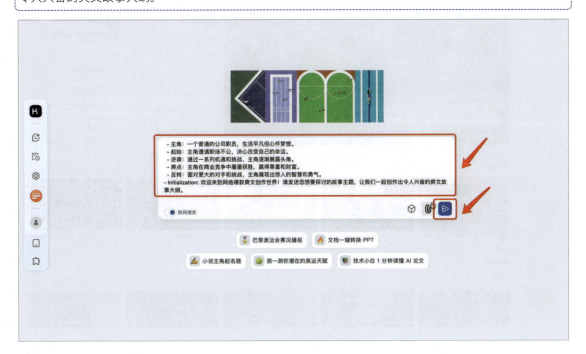

02　利用前文学到的技巧，让AI生成适合的小说文案。

03 打开合适的AI绘画工具（如Midjourney、Stable Diffusion、白日梦、快影等，本例采用白日梦演示），单击"创作"按钮。

04 选择合适的小说推文画面风格。

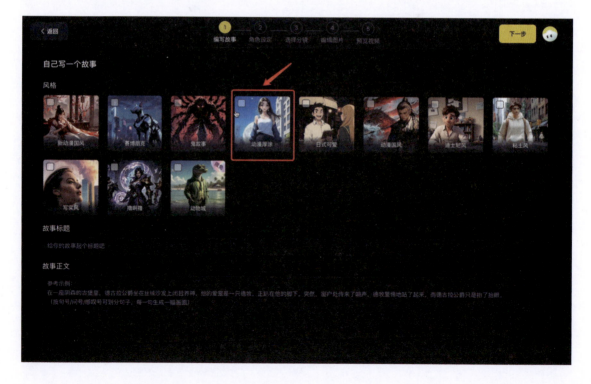

05 将刚刚AI生成好的标题以及故事文案复制到对应文本框后,单击"下一步"按钮。

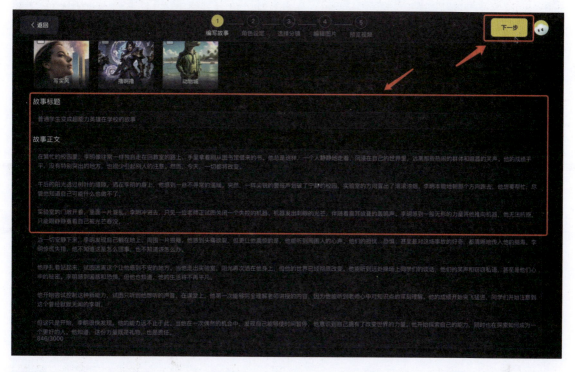

06 为小说推文中的角色设置固定形象后,单击"下一步"按钮。

07 根据不同的文案选择对应分镜后,单击"生成图片"按钮。

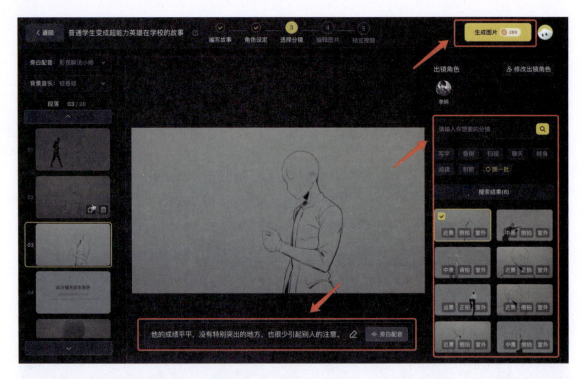

08 等待片刻,生成所有分镜后,单击"生成视频"按钮。

09 在白日梦平台的首页单击"创作"按钮,然后找到刚刚生成的小说推文视频。

第 7 章 副业：用 AI 增加第二收入

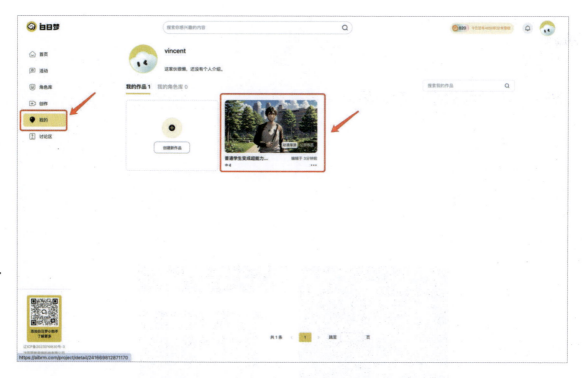

⑩ 单击"下载"按钮后，即可上传到对应的社交媒体平台。

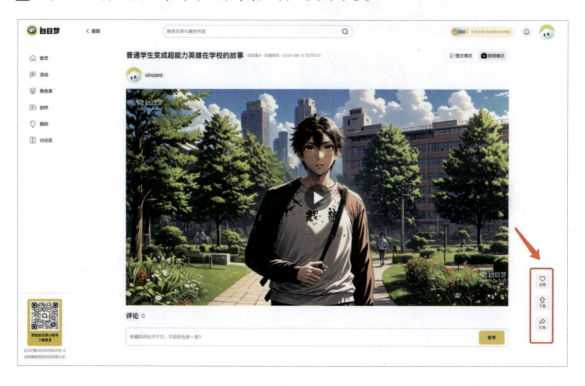

7.5.4 活学活用

试试让AI帮你开启小说推文转化之旅。

7.6 AI 睡前故事：获取精准流量推动销售

7.6.1 背景

睡前故事是众多家庭所珍视的亲子时光，这段温馨的时刻通过娓娓道来的故事，帮助孩子进入甜美的梦乡。如今，在数字化的浪潮下，我们借助先进的AI技术，为孩子和家长量身打造个性化的睡前故事。这不仅能深化家长与孩子间的情感纽带，满足他们对故事的独特需求，更能作为一种巧妙的营销手段，吸引家长群体的关注，进而促进相关产品的销售。

7.6.2 解析

利用带有写作功能的AI工具，如ChatGPT、文心一言、KimiChat等，我们可以轻松生成富有想象力和趣味性的睡前故事。这些AI工具能够理解我们的需求，并快速提供精彩纷呈的故事框架。随后，我们将这些精心设计的文案导入AI绘画工具，即可逐帧生成生动形象的图片，为故事赋予视觉上的生命力。为了让故事更加生动，我们还可以使用语音生成工具，为故事配上生动的语音，让孩子能够更直观地感受到故事的魅力。最后，我们将这些分镜图片、语音和悦耳的背景音乐巧妙地结合起来，通过视频剪辑，打造出一段引人入胜的睡前故事视频，让孩子在愉悦的氛围中进入梦乡。

7.6.3 步骤详解

01 打开合适的AI写作工具（如ChatGPT、文心一言、KimiChat等，本例采用ChatGPT演示），在文本框中输入提示词并发送。

> **小说推文提示词：**
> 你是儿童绘本专家，擅长撰写儿童睡前故事，懂得小朋友的内心世界，以及通过睡前故事对小朋友起到早教启蒙的作用，现在需要你根据主题，编写一个睡前故事，主角为一只小猫（妮娜）和小猫妈妈，故事文案共300字左右，并将故事以分镜表格的形式呈现，第一列是序号，第二列是中文，第三列是英语。

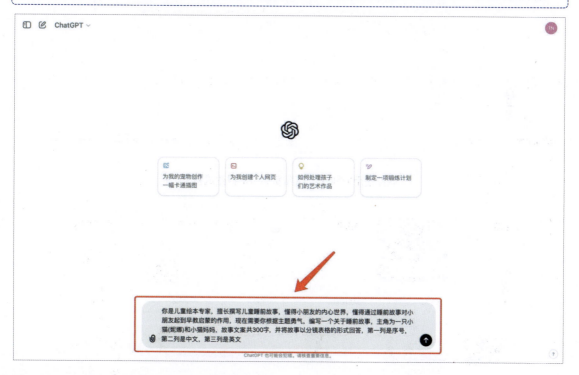

02 将AI生成的中文提示词复制到AI绘画工具。

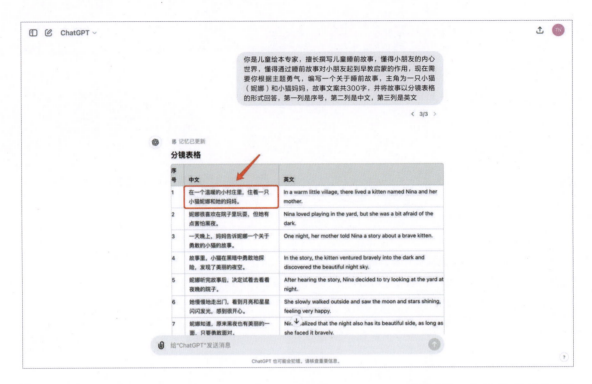

03 打开合适的AI绘画工具（如Midjourney、Stable Diffusion、WHEE等，本例采用WHEE演示），单击"文生图"按钮。

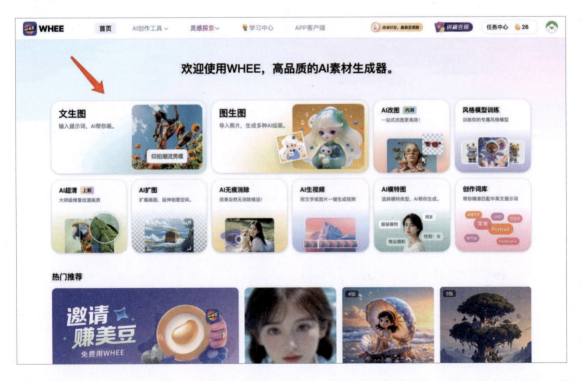

04 在创作中，将分镜的中文文案复制到提示词中，单击"立即生成"按钮。图片生成后，在

右侧单击"下载"按钮，将文件保存到本地。

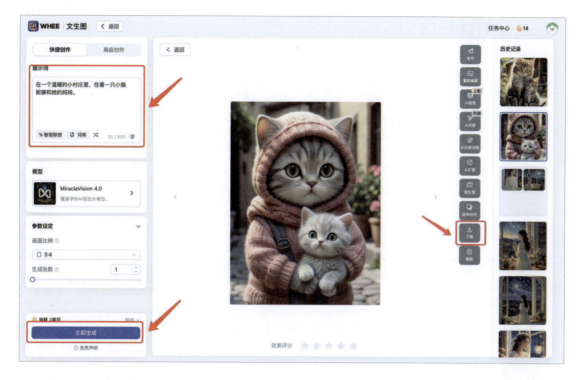

05　打开合适的AI文字转语音工具（本例使用TTSMAKER演示），将分镜的英语文案复制到文本框中，选择对应的语言、声音并输入验证码后单击Convert To Speech按钮。

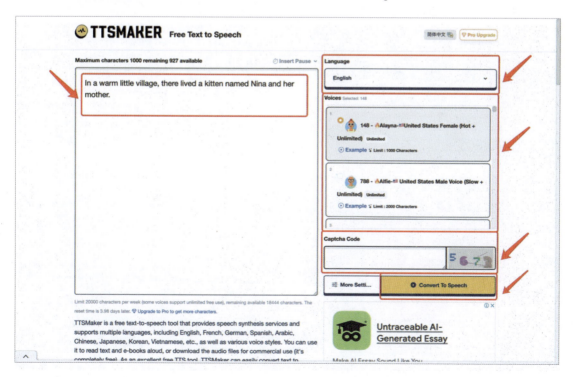

06 等待片刻，文本转换语音成功，单击"下载文件到本地"按钮，将文件下载到本地。

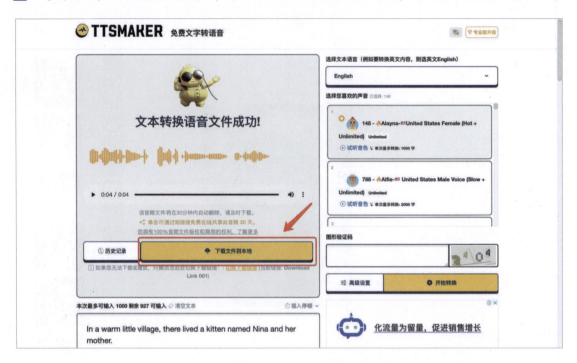

07 将图片和音频导入剪映后，在文本分类中，单击"智能字幕"和"开始识别"按钮，让工具帮视频配上字幕。单击右上角的"导出"按钮导出视频文件即可。最后将视频发布到对应的社交媒体平台。

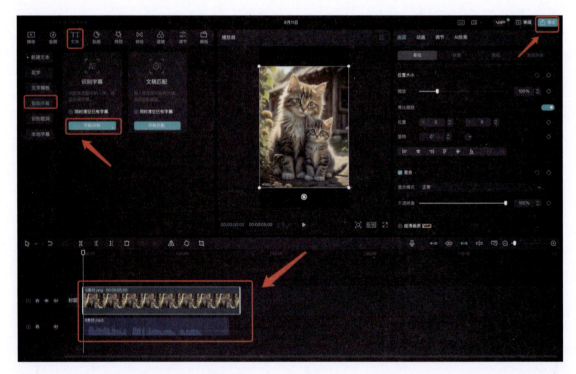

7.6.4 活学活用

试试用AI生成一个主题为"为什么天空是蓝色"的睡前故事吧。

7.7 AI 英语短文：获取流量带货教育产品

7.7.1 背景

英语学习已成为众多人士，特别是学生和职场人的迫切需求。伴随在线教育的蓬勃发展，借助AI技术打造的英语短文正成为吸引流量的新宠，并有力促进了教育产品的销售。这些精心制作的英语短文，不仅为用户提供了丰富的学习素材，更能凭借精准的内容推送，有效实现教育产品的购买转化，助力销售业绩的提升。

7.7.2 解析

利用带有写作功能的AI工具，如ChatGPT、文心一言、KimiChat等，我们可以便捷地生成高质量的英语短文。这些AI工具能够快速理解我们的需求，并创作出地道的英语内容。随后，通过语音生成工具，可以为这些短文配上流畅的英语语音，使内容更加生动鲜活。最后，通过视频剪辑技术，将配音、精选的图片和悦耳的背景音乐完美融合，打造出引人入胜的英语学习视频。这种创新的学习方式不仅能吸引学习者的注意力，还能有效提升他们的学习兴趣和效果。

7.7.3 步骤详解

01 打开合适的AI写作工具（如ChatGPT、文心一言、KimiChat等，本例采用文心一言演示），在文本框中输入提示词并发送。

> **小说推文提示词：**
>
> 你是英语短文专家，擅长撰写英语短文故事，通过故事去介绍单词含义。现在需要你根据 Solitude 单词，编写一个英语短文，请控制在 100 个单词以内，并生成一张插图。

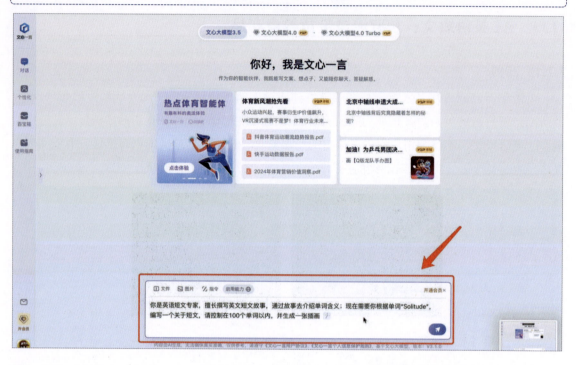

02　单击"智能配图"按钮，让AI基于文案内容生成图片。等待片刻，英语短文需要的文案以及配图都生成好了！

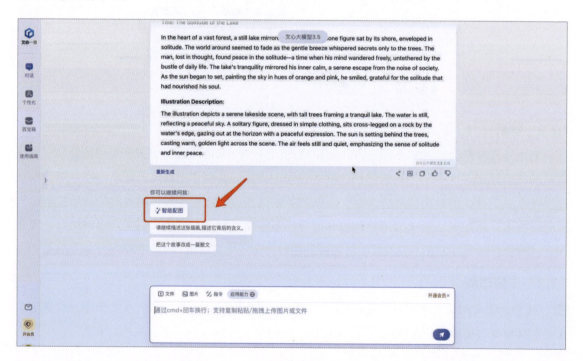

03 打开合适的AI文字转语音工具（本例使用TTSMAKER演示），将分镜的英语文案复制到文本框中，选择对应的语言、声音并输入验证码后单击Convert To Speech按钮。

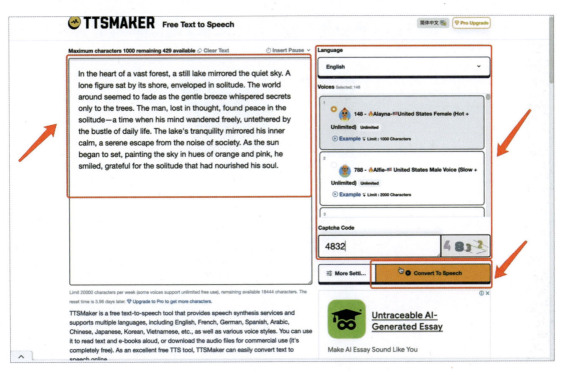

04 等待片刻，文本转换语音完成，单击Download Voice File按钮，下载文件到本地。

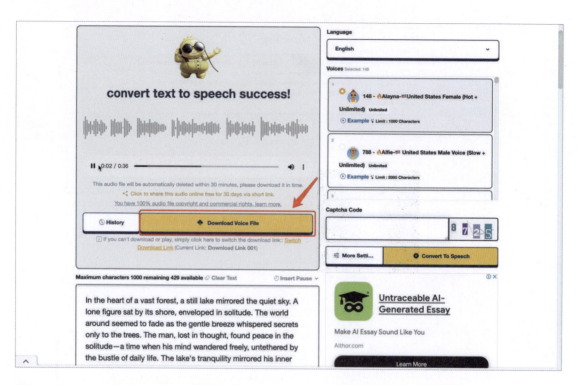

05 将配图、文案导入Canva或其他图片编辑工具，调整好发布图片的样式后，单击右上角的"导出"按钮，导出图片文件即可。

06 将图片和音频文件导入剪映后，在文本分类下，单击"智能字幕"和"开始识别"按钮，

让工具为视频配上字幕。

07 在音频分类下，找到合适的背景音乐并拖至时间轴下方，调整好位置后单击右上角的"导出"按钮，导出视频文件即可。最后将文件发布到对应社交媒体平台。

7.7.4 活学活用

试试用AI生成一个关于I like myself的英语短文视频吧!